高等学校艺术设计专业课程改革教材

室内色彩、家具与陈设设计

（第3版）

主　编　文　健　胡　娉
副主编　徐国根　张志军

清华大学出版社
北京交通大学出版社
·北京·

内容简介

本书共分四章：第一章为室内色彩设计；第二章为室内家具设计与表现；第三章为室内陈设设计，主要从灯具、织物和工艺品三个方面进行深入讲解；第四章介绍室内家具与陈设手绘表现技巧。

本书引入了国内外最新的设计理念和研究成果（如国外最新的家具样式），图文并茂，内容全面，语言通俗易懂，有较强的理论性和实践性，可作为应用型本科院校和高职高专类院校室内设计、环境艺术设计和建筑装饰设计专业的教材，还可作为业余爱好者的自学辅导用书。

图书在版编目（CIP）数据

室内色彩、家具与陈设设计 / 文健，胡娉主编. —3 版. —北京：北京交通大学出版社 ：清华大学出版社，2018. 5

（高等学校艺术设计专业课程改革教材）
ISBN 978-7-5121-3548-2

Ⅰ. ① 室…　Ⅱ. ① 文…　② 胡…　Ⅲ. ① 室内装修-建筑色彩-高等学校-教材　② 家具-设计-高等学校-教材　③ 室内布置-设计-高等学校-教材　Ⅳ. ① TU767. 7　② TS664. 01　③ J525. 1

中国版本图书馆 CIP 数据核字（2018）第 092205 号

室内色彩、家具与陈设设计
SHINEI SECAI，JIAJU YU CHENSHE SHEJI

责任编辑：吴嫦娥
出版发行：清 华 大 学 出 版 社　邮编：100084　电话：010-62776969　http://www.tup.com.cn
　　　　　北京交通大学出版社　邮编：100044　电话：010-51686414　http://www.bjtup.com.cn
印 刷 者：艺堂印刷（天津）有限公司
经　　销：全国新华书店
开　　本：210 mm×285 mm　印张：10.5　字数：395 千字
版　　次：2018 年 5 月第 3 版　2018 年 5 月第 1 次印刷
书　　号：ISBN 978-7-5121-3548-2/TU・171
印　　数：1～5 000 册　定价：59.00 元

本书如有质量问题，请向北京交通大学出版社质监组反映。对您的意见和批评，我们表示欢迎和感谢。
投诉电话：010-51686043，51686008；传真：010-62225406；E-mail：press@bjtu.edu.cn。

前　言

“室内色彩、家具与陈设设计”是室内设计专业的必修课，也是室内设计专业课程体系的重要组成部分。该课程不仅可以很好地训练学生的设计基本功，还能极大地开阔学生的视野，帮助学生积累大量的设计素材。

本书前2版深受广大师生喜爱，许多院校多年来一直使用本书作为教材，先后销售近八万册。本次再版，一是吸收了广大教师的合理建议，对书中个别内容进行了调整；二是融入了最新的设计理念。本书的内容共分为四章：第一章介绍室内色彩设计的基本概念、特点和搭配技巧，以及色彩运用于室内设计所产生的视觉效果；第二章介绍室内家具的分类、风格和设计的造型原则，并辅以大量的经典家具图片，形象直观地展示了室内家具设计的造型规律、色彩和材质选择，以及设计手法等；第三章介绍室内陈设的布置技巧，主要从灯具、织物、工艺品三个方面进行深入讲解；第四章介绍室内家具与陈设的手绘表现技巧，并配有大量精美的设计手稿。

本书有两大特色：一是在图片的选择上吸收了国内外最新的研究成果，图片设计新颖，样式丰富；二是结合图片配有大量的设计手稿，将理论讲解和实践相结合。

本书编写人员及分工如下：第一、三、四章由文健编写，第二章由胡娉编写，徐国根和张志军提供了部分图片。全书图文并茂，内容全面，语言通俗易懂，有较强的理论性和实践性。可作为应用型本科院校和高职高专类院校室内设计、环境艺术设计和建筑装饰设计专业的教材，还可作为专业爱好者的自学辅导用书。

为方便读者更好地学习“室内色彩、家具与陈设设计”，本书大部分精美图片采用新媒体技术M+ Book，可扫描本书二维码通过加阅平台来欣赏。

文　健

2018年5月

目　录

第一章 室内色彩设计

第一节　色彩基础知识

一、色彩的定义

色彩是光刺激人的眼睛所产生的视觉反应。因为有了光，人们才能感知物体的形状和色彩，光照是色彩产生的前提。物体的色彩在光的照射下呈现出的本质颜色叫固有色；物体的色彩在光的照射下，同时受到周围环境的影响，反射而成的颜色叫环境色。

二、色彩的三要素

色相、明度和纯度是色彩的三要素。色相就是色彩的相貌，是色彩之间相互区别的名称，如红色相、黄色相、绿色相等。明度就是色彩的明暗程度。明度越高，色彩越亮；明度越低，色彩越暗。纯度就是色彩的鲜灰程度或饱和程度。纯度越高，色彩越艳；纯度越低，色彩越灰。

色彩分无彩色和有彩色两大类。黑、白、灰为无彩色，除此之外的任何色彩都为有彩色。其中，红、黄、蓝是最基本的颜色，被称为三原色。三原色是其他色彩调配不出来的，而其他色彩则可以由三原色按一定比例调配出来。例如，红色加黄色可以调配出橙色，红色加蓝色可以调配出紫色，蓝色加黄色可以调配出绿色等。

三、色彩作用于人的视觉所产生的感觉

1. 冷暖感

从冷暖感的角度把色彩分为冷色和暖色。

冷色包括蓝色、蓝紫色、蓝绿色等，使人产生凉爽、寒冷、深远、幽静的感觉。

暖色包括红色、黄色、橙色、紫红色、黄绿色等，使人产生温暖、热情、积极、喜悦的感觉。

2. 轻重感

从轻重感的角度把色彩分为轻色和重色。

色彩的轻重主要取决于明度。明度高，色彩感觉轻；明度低，色彩感觉重。其次，取决于色相。暖色感觉轻，冷色感觉重。最后，取决于纯度。纯度高，感觉轻；纯度低，感觉重。

3. 体量感

从体量感的角度把色彩分为膨胀色和收缩色。

色彩的体量感，主要取决于明度。明度高，色彩膨胀；明度低，色彩收缩。其次，取决于纯度。纯度高，色彩膨胀；纯度低，色彩收缩。最后，取决于色相。暖色膨胀，冷色收缩。

4. 距离感

从距离感的角度把色彩分为前进色和后退色。

色彩的距离感主要取决于纯度。纯度高，色彩前进；纯度低，色彩后退。其次，取决于明度。明度高，色彩前进；明度低，色彩后退。最后，取决于色相。暖色前进，冷色后退。

5. 软硬感

从软硬感的角度把色彩分为软色和硬色。

色彩的软硬感主要取决于明度。明度高，色彩感觉柔软；明度低，色彩感觉坚硬。其次，取决于色相。暖色感觉柔软，冷色感觉坚硬。最后，取决于纯度。纯度高，色彩感觉柔软；纯度低，色彩感觉坚硬。

6. 动静感

从动静感的角度把色彩分为动感色和宁静色。

色彩的动静感主要取决于纯度。纯度高，动感强；纯度低，宁静感强。其次，取决于色相。暖色动感强，冷色宁静感强。最后，取决于明度。明度高动感强，明度低宁静感强。

四、色彩的对比与协调

1. 色彩的对比

所谓色彩的对比，就是两种或两种以上的色彩放在一起有明显的差别。色彩的对比可以使色彩产生相互突出的关系，使色彩主次分明，虚实得当。色彩对比分为色相对比、明度对比和纯度对比。色相对比主要指色彩冷暖色的互补关系，如红与绿、黄与紫、蓝与橙。明度对比主要指色彩的明度差别，即深浅对比。纯度对比主要指色彩的饱和度差别，即鲜灰对比。

2. 色彩的协调

所谓色彩的协调，就是两种或两种以上的色彩放在一起无明显差别。色彩的协调可以使色彩相互融合，和谐统一。色彩协调分为色相协调、明度协调和纯度协调。色相协调主要指邻近色的协调，如红与橙、橙与黄、黄与绿等。明度协调主要指减少明度差别。纯度协调主要指减少纯度差别。

第二节　色彩在室内设计中的应用

色彩设计是室内设计中的重要环节，合理的色彩设计可以使室内空间更加生动、和谐。在室内色彩设计中最关键的环节是确定室内的主色调，主色调可以是单一的一种颜色，也可以是一个系列的色彩。不同的色彩可以使室内空间产生不同的视觉感受，也对人的生理和心理产生不同的影响。

室内色彩设计应该充分考虑使用场所和使用对象的差异。例如，娱乐空间的色彩设计，应使用纯度较高、刺激性较强的色彩，以营造出动感、活跃的室内气氛；而私密空间的色彩设计，应使用纯度较低，素雅、宁静的色彩，以营造出静谧、优雅的室内气氛。在使用对象上，年龄较大的人喜欢稳重、朴素的色彩；而年龄较小的儿童则喜欢单纯、活泼的色彩。

色彩的美感还与审美的主体紧密相连，在一定程度上，色彩的美感取决于人的主观感受。有的人喜欢红色，有的人喜欢黄色；有的人喜欢活泼的色调，有的人喜欢素雅的色调。人对色彩的好恶受到年龄、性格、职业、习惯和文化修养等方面的影响。因此，色彩无所谓美与不美，关键在于这种色彩能否达到使用者的审美要求。

1. 红色

红色具有鲜艳、热烈、热情、喜庆的特点，给人勇气与活力。红色可刺激和兴奋神经，促进机体血液循环，引起人的注意并产生兴奋、激动和紧张的感觉。红色有助于增强食欲。红色使人联想到火与血，是一种警戒色。红色运用于室内装饰，可以大大提高空间的注目性，使室内空间产生温暖、热情、自由奔放的感觉。如图 1-1 ～图 1-4 所示。粉红色和紫红色是红色系列中最具浪漫和温馨特点的颜色，较女性化，可使室内空间产生迷情、靓丽的感觉。如图 1-5 所示。

1-1

1-2

图 1-1　红色调在室内的运用

图 1-2　红色调在办公空间的运用

1-3

1-4 | 1-5

图 1-3　红色调商场
图 1-4　红色调幼儿园
图 1-5　紫红色在办公空间的运用

2. 黄色

黄色具有高贵、奢华、温暖、柔和的特点，它能引起人们无限的遐想，渗透出灵感和生气，启发人的智力，使人欢乐和振奋。黄色具有帝王之气，象征权力、辉煌和光明。黄色高贵、典雅，具有大家风范。黄色还具有怀旧情调，使人产生古典唯美的感觉。黄色是室内设计中的主色调，可以使室内空间产生温馨、柔美的感觉。如图 1-6 ～图 1-7 所示。

图 1-6　黄色调在宴会厅的运用

图 1-7　黄色调在餐饮空间的运用

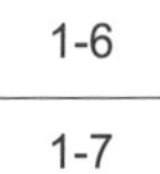

3. 绿色

绿色具有清新、舒适、休闲的特点，有助于消除神经紧张和视力疲劳。绿色象征青春、成长和希望，使人感到心旷神怡，舒适平和。绿色是富有生命力的色彩，使人产生自然、休闲的感觉。绿色运用于室内装饰，可以营造出朴素简约、清新明快的室内气氛。如图 1-8 ～图 1-9 所示。

1-8
1-9

图 1-8　绿色调在幼儿空间的运用
图 1-9　绿色调在餐饮空间的运用

4. 蓝色

蓝色具有清爽、宁静、优雅的特点，象征深远、理智和诚实。蓝色使人联想到天空和海洋，有镇静作用，能缓解紧张心理，增添安宁与轻松感。蓝色宁静又不缺乏生气，高雅脱俗。蓝色运用于室内装饰，可以营造出清新雅致、宁静自然的室内气氛。如图 1-10 ～图 1-12 所示。

1-10

1-11

1-12

图 1-10　蓝色调在办公空间的运用

图 1-11　蓝色调在办公休闲空间的运用

图 1-12　蓝色调在餐饮空间的运用

5. 紫色

紫色具有冷艳、高贵、浪漫的特点，象征天生丽质，浪漫温情。紫色具有浪漫的柔情，是爱与温馨交织的颜色，尤其适用于新婚和感情丰富的小家庭。紫色运用于室内装饰，可以营造出高贵、雅致、纯情的室内气氛。如图 1-13 ～图 1-15 所示。

1-13	1-14
1-15	

图 1-13　紫色调卧室

图 1-14　紫色调餐厅

图 1-15　紫色调酒吧

6. 灰色

灰色具有简约、平和、中庸的特点，象征儒雅、理智和严谨。灰色是深思而非兴奋、平和而非激情的色彩，使人视觉放松，给人以朴素、简约的感觉。此外，灰色使人联想到金属材质，具有冷峻、时尚的现代感。灰色运用于室内装饰，可以营造出宁静、柔和的室内气氛。如图 1-16 ～图 1-18 所示。

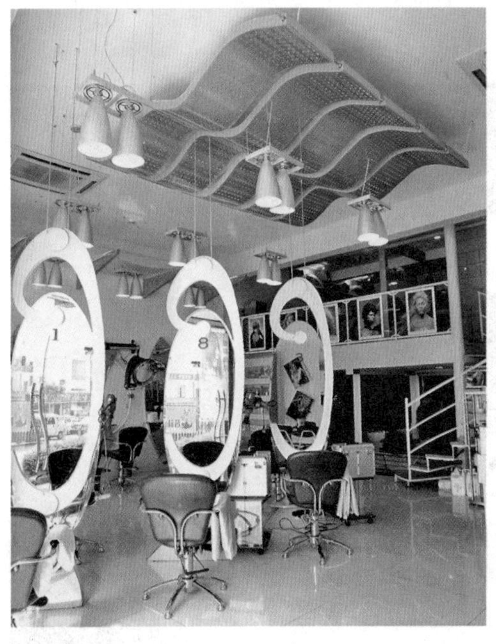

1-16	
1-17	1-18

图 1-16　灰色调在办公空间的运用

图 1-17　灰色调美容厅

图 1-18　灰色调卧室

7. 黑色

黑色具有稳定、庄重、严肃的特点，象征理性、稳重和智慧。黑色是无彩色系的主色，可以降低色彩的纯度，丰富色彩层次，给人以安定、平稳的感觉。黑色运用于室内装饰，可以增强空间的稳定感，营造出朴素、宁静的室内气氛。如图 1-19 和图 1-20 所示。

1-19

1-20

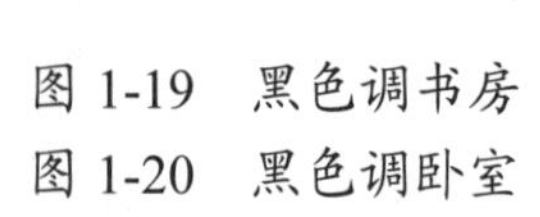

图 1-19　黑色调书房
图 1-20　黑色调卧室

8. 白色

白色具有简洁、干净、纯洁的特点，象征高贵、大方。白色使人联想到冰与雪，具有冷调的现代感和未来感。白色具有镇静作用，给人以理性、秩序和专业的感觉。白色具有膨胀效果，可以使空间更加宽敞、明亮。白色运用于室内装饰，可以营造出轻盈、素雅的室内气氛。如图 1-21 ～图 1-22 所示。

1-21
1-22

图 1-21　白色调在办公空间的运用
图 1-22　白色调过廊

9. 褐色

褐色具有传统、古典、稳重的特点，象征沉着、雅致。褐色使人联想到泥土，具有民俗和文化内涵。褐色具有镇静作用，给人以宁静、优雅的感觉。中国传统室内装饰中常用褐色作为主调，体现出东方特有的古典文化魅力。如图 1-23 所示。

图 1-23　褐色调在餐饮空间的运用

10. 色彩的搭配与组合

色彩的搭配与组合可以使室内色彩更加丰富、美观。室内色彩搭配力求和谐统一，通常用两种以上的颜色进行组合。不同的色彩组合可以产生不同的视觉效果，也可以营造出不同的环境气氛。整体的配色方案如下。

（1）黄色 + 茶色（浅咖啡色）：怀旧情调，朴素、柔和。

（2）蓝色 + 紫色 + 红色：梦幻组合，浪漫、迷情。

（3）蓝色 + 绿色 + 木本色：自然之色，清新、悠闲。

（4）粉红色 + 白色 + 橙色：青春动感，活泼、欢快。

（5）蓝色 + 白色：地中海风情，清新、明快。

（6）青灰 + 粉白 + 褐色：古朴、典雅。

（7）红色 + 黄色 + 褐色 + 黑色：中国民族色，古典、雅致。

（8）米黄色 + 白色：轻柔、温馨。

（9）黑 + 灰 + 白：简约、平和。

色彩的搭配与组合如图 1-24 ～图 1-38 所示。

1-24
———
1-25

图 1-24　梦幻网吧

图 1-25　地中海风情室内

图 1-26　温馨、柔和的办公空间

图 1-27　时尚、休闲的办公空间

1-28

1-29 | 1-30

图 1-28　宁静、舒适的办公空间

图 1-29　动感色调的空间

图 1-30　古典怀旧的健身房

1-31	1-32
1-33	1-34

图 1-31　简约、现代的客厅
图 1-32　素色的客厅
图 1-33　活跃的客厅
图 1-34　冷峻、时尚的时装店

1-35	1-36
1-37	1-38

图 1-35　简约、现代的餐厅
图 1-36　浪漫、温馨的餐厅
图 1-37　宁静、素雅的餐厅
图 1-38　宁静、优雅的咖啡厅

1. 什么是色彩的三要素？
2. 色彩作用于人的视觉可以产生哪些感觉？
3. 什么是色彩的对比？
4. 蓝色具有什么特点？

第二章 室内家具设计与表现

第一节 室内家具设计

家具是人类几千年文化的一个结晶。人类经过漫长的实践，使家具不断更新、演变，在材料、工艺、结构、造型、色彩和风格上，家具都在不断完善。形形色色、变化万千的家具为室内设计师提供了更多的设计灵感和素材。家具已经成为室内环境设计的重要组成部分，家具的选择与布置是否合适，对于室内环境的装饰效果起着重大的作用。如图 2-1 ～图 2-4 所示。

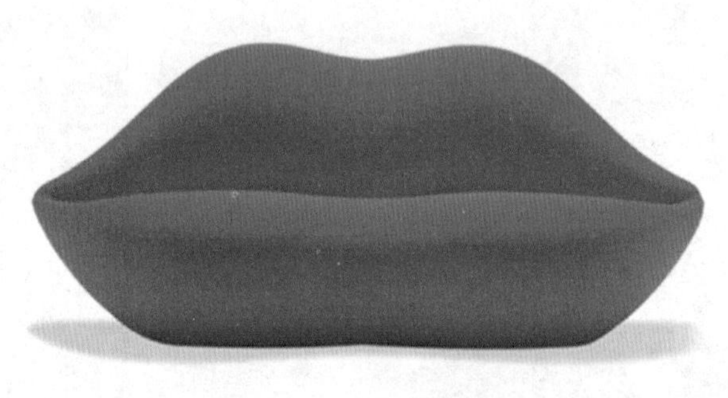

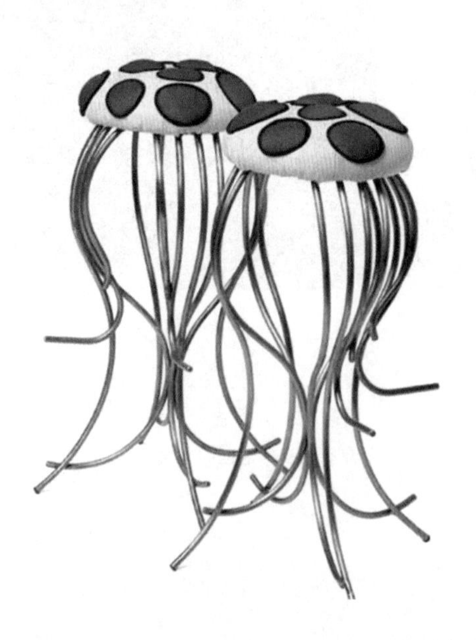

2-1	2-2
2-3	2-4

图 2-1 口哨椅
图 2-2 嘴唇椅
图 2-3 水母凳
图 2-4 太空椅

一、家具的分类

1. 按使用功能分

（1）支撑类家具：各种坐具、卧具，如凳、椅、床等。
（2）装饰类家具：陈设装饰品的开敞式柜类、成架类的家具，如博古架、隔断等。
（3）凭倚类家具：各种带有操作台面的家具，如桌、台、几等。
（4）储藏类家具：各种有储存或展示功能的家具，如箱柜、橱架等。
各类家具如图 2-5 ～图 2-8 所示。

2-5

2-6	2-7

2-8

图 2-5　支撑类家具
图 2-6　装饰类家具
图 2-7　凭倚类家具
图 2-8　储藏类家具

2. 按结构特征分类

（1）框式家具：以榫接合为主要特点，木方通过榫接合构成承重框架，围合的板件附设于框架之上，一般一次性装配而成，不便拆装。

（2）板式家具：以人造板构成板式部件，用连接件将板式部件接合装配的家具。板式家具有可拆和不可拆之分。

（3）拆装家具：用各种连接件或插接结构组装而成的可以反复拆装的家具。

（4）折叠家具：能够折动使用并能叠放的家具，便于携带、存放和运输。

（5）曲木家具：以实木弯曲或多层单板胶合弯曲而制成的家具。具有造型别致、轻巧、美观的优点。

（6）壳体家具：指整体或零件利用塑料或玻璃一次模压、浇注而成的家具。具有结构轻巧、形体新奇和新颖时尚的特点。

（7）悬浮家具：以高强度的塑料薄膜制成内囊，在囊内充入水或空气而形成的家具。悬浮家具新颖，有弹性，有趣味，一旦破裂则无法再使用。

（8）树根家具：以自然形态的树根、树枝、藤条等天然材料为原料，略加雕琢后经胶合、钉接、修整而成的家具。

部分类型如图 2-9 ～图 2-11 所示。

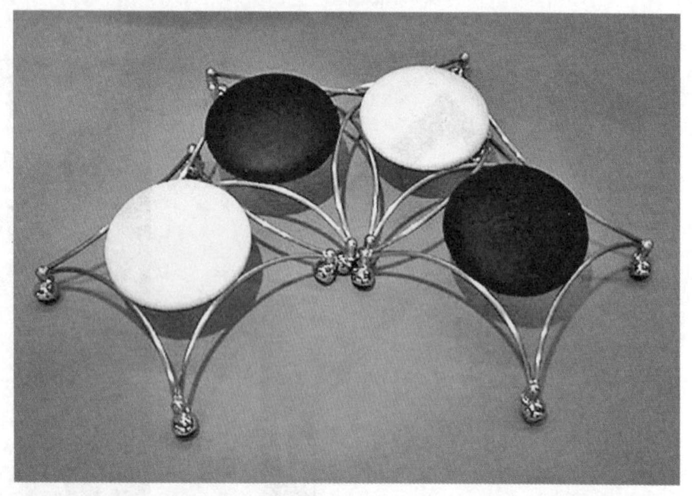

2-9	2-10
	2-11

图 2-9　框式家具
图 2-10　拆装家具
图 2-11　壳体家具

3. 按制作家具的材料分类

（1）木质家具：主要由实木与各种木质复合材料（如胶合板、纤维板、刨花板和细木工板等）构成的家具。

（2）塑料家具：整体或主要部件用塑料加工而成的家具。

（3）玻璃家具：以玻璃为主要构件的家具。

（4）金属家具：以金属管材、线材或板材为基材生产的家具。

（5）竹藤家具：以竹条或藤条编制部件构成的家具。

（6）皮家具：以各种皮革为主要面料的家具。

部分类型如图 2-12 ～图 2-16 所示。

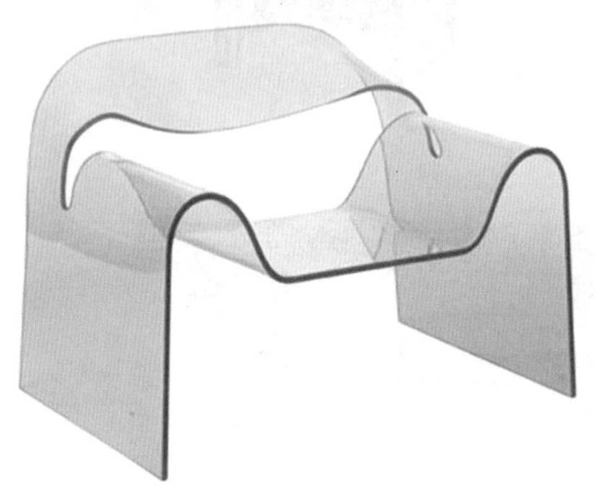

2-12	2-15
2-13	2-16
2-14	

图 2-12　木质家具

图 2-13　玻璃家具

图 2-14　金属家具

图 2-15　竹藤家具

图 2-16　皮家具

二、家具的风格

1. 欧式古典家具

欧式古典家具经历了数千年的演变，形成了自己独特的艺术风格，其中较有代表性的时期如下。

1）文艺复兴时期的家具

文艺复兴早期的家具具有朴素、庄重和威严的特点。其造型简洁，线条纯美古典，尺度适宜，家具表面多采用浅浮雕。为显其高贵，表面常涂饰金粉和油漆。

文艺复兴中期的家具在早期家具的基础上更显古典，其图案精细优美，比例协调，表面有动物、花叶的深雕图案。

文艺复兴后期的家具常用深浮雕和圆雕技法，并广泛采用各种图案进行装饰，如奇异的人像、兽像及植物花果等。

文艺复兴时期的家具如图 2-17 所示。

图 2-17　文艺复兴时期的家具

2）巴洛克时期的家具

巴洛克时期的家具以法国路易十四时期的家具为代表。法式巴洛克家具豪华而有气度，家具的轮廓采用雕刻手法，图案多为动物、植物和涡卷饰纹；家具构件多用雕像代替，使家具显得有动感。巴洛克家具中还带有浓厚的中国元素，把丝绸用于家具的表面装饰或采用中式回纹图案。家具的用材繁多，如橡木、胡桃木和檀木等，并用青铜饰件作镶嵌。家具的整体造型流畅优美、曲直相间，追求豪华、宏伟、奔放和浪漫的艺术效果。如图 2-18 所示。

图 2-18　巴洛克时期的家具

3）洛可可时期的家具

洛可可时期的家具以自然界的动物和植物作为主要装饰语言，花和叶子的图案交错穿插，坐位、靠背和扶手表面配以轻淡柔和的织物饰面，形成一种极度华丽的艺术效果。如图 2-19 所示。

图 2-19　洛可可时期的家具

图 2-19　洛可可时期的家具（续）

2. 中式古典家具

中式古典家具以明清时期的家具为代表。

1）明式家具

明式家具造型简练朴素、比例匀称、线条刚劲、功能合理、用材讲究、结构精到、高雅脱俗，艺术成就达到了极至。

明式家具功能十分合理，关键部位的尺寸完全符合人体工程学。其用材讲究，充分发挥了木材的性能。在结构上沿用了中国古建筑的梁柱结构，多用圆腿支撑，四腿略向外侧，符合力学原理。部件之间采用榫卯结合和嵌板结合，有利于木材的胀缩变形。

明式家具造型高雅脱俗，以线条为主，民族特色浓厚。装饰手法丰富多样，既有局部精微的雕镂，又有大面积的木材素面效果。家具雕刻以线雕和浮雕为主，构图对称均衡，图案多以吉祥图案为主，如灵草、牡丹、荷花、梅、松、菊、仙桃、凤纹、云水等。明式家具还采用了金属饰件，以铜居多，如拉手、画页、吊牌等多为白铜所制，并且很好地起到了保护家具的作用。

明式家具内容丰富多样，主要有椅凳类、几案类、橱柜类、床榻类、台架类和屏座类等。如图 2-20 所示。

图 2-20　明式家具

图 2-20 明式家具（续）

2）清式家具

清式家具以乾隆时期为代表。为了显示统治者的“文治武功”，高档家具层出不穷，形成了极端的豪华富贵之风。清式家具化简朴为华贵，造型趋向复杂烦琐，形体厚重，富丽气派。清式家具重视装饰，运用雕刻、镶嵌、描绘和堆漆等工艺手法，使家具表面效果更加丰富多彩。装饰题材繁多，以吉祥图案为主。家具用材讲究，常用紫檀、黄花梨、柚木等高档木材。

清式家具以苏式、京式和广式为代表。苏式家具以江浙为制造中心，风格秀丽精巧；京式家具因皇宫贵族的特殊要求，造型庄严宽大，威严华丽；广式家具以广东沿海为制造中心，并广泛地吸收了海外制造工艺，表现手法多样，家具风格厚重烦琐，富丽凝重，形成了鲜明的近代特色和地域特征，很具有代表性。如图 2-21 所示。

3. 现代家具

现代家具以实用、经济和美观为特点。采用工业化生产，材料多样，零部件标准可以通用。现代家具重视使用功能，造型简洁，结构合理，较少装饰。

欧洲的工业革命为家具设计与制作带来了革命性的变化，制作水平日趋先进，生产规模不断扩大，“以人为本”的设计思想深入人心，这些因素都使家具设计与制作更加人性化、大众化。随着木业技术的发展，胶合板的问世，出现了蒸木和弯木技术，高性能黏合剂研制成功并得到应用，它们为各类现代家具的发展铺平了道路。1830 年德国人托耐特用蒸汽技术将山毛榉制成了曲木家具，体现了生产技术的提高对现代家具产生的推动作用。以“现代设计之父”莫里斯为首的设计师在 19 世纪末到 20 世纪初在英

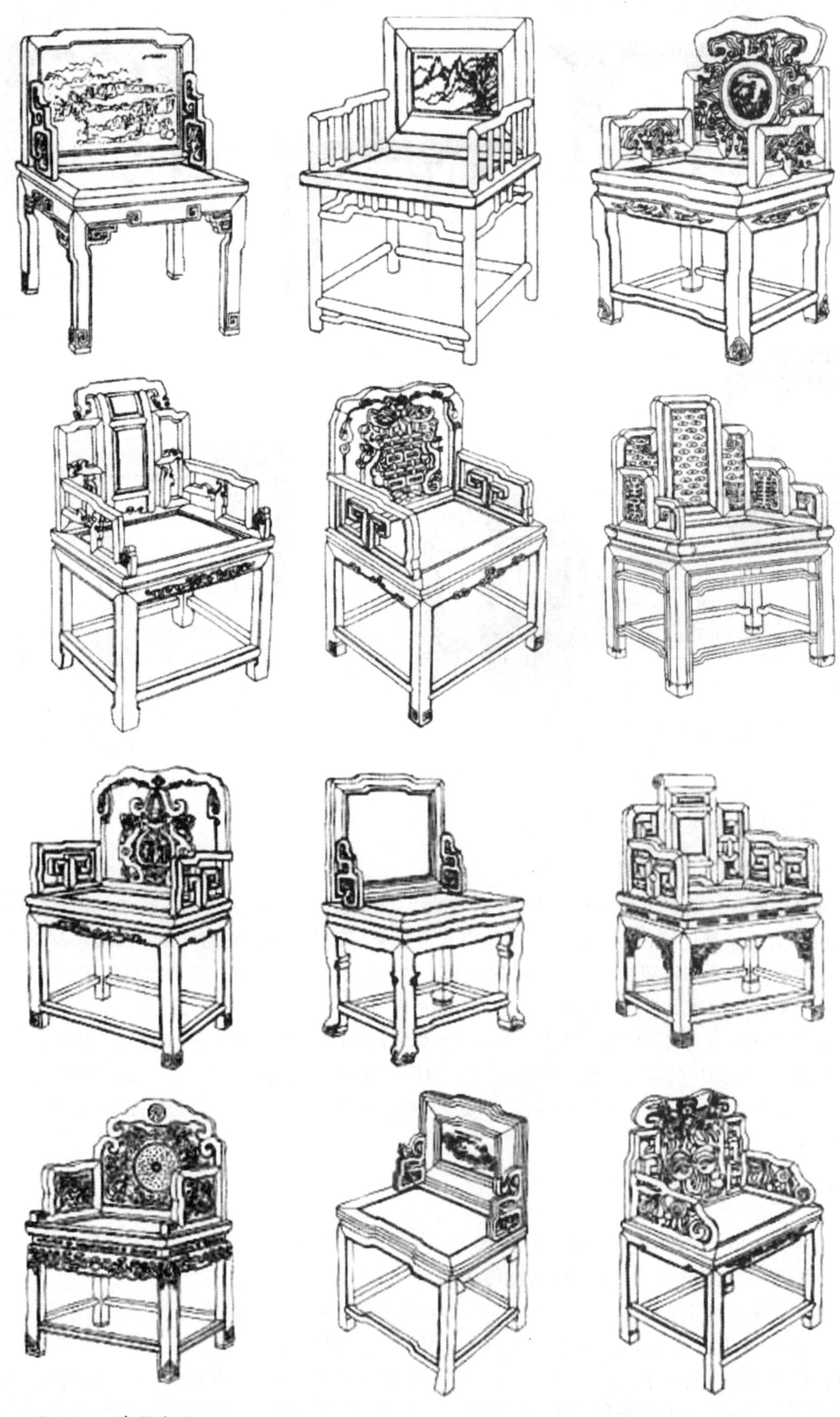

图 2-21　清式家具

国发起了一场设计运动，工业设计史上称为“工艺美术运动”。工艺美术运动强调功能应与美学法则相结合，认为功能只有通过艺术家的手工制作才能表达出来，反对机械化大生产，重视手工；强调简洁、质朴和自然的装饰风格，反对多余装饰，注重材料的选择与搭配。在 1900 年，欧洲大陆兴起了设计运动的新高潮，以法国为中心的“新艺术运动”主张艺术与技术相结合，主张艺术家应从自然界中汲取设计素材，崇尚曲线，反对直线，反对模仿传统。随后荷兰风格派产生，主张家具设计应采用绘画中的立体主义形式，采用立方体、几何体、垂直线和水平面进行造型设计，反对曲线，色彩只用三原色及黑、白、灰等无彩色系列，用螺丝装配，便于机械加工。现代家具的真正形成是 1910 年德国包豪斯学院的诞生，包豪斯学院被称为“现代主义设计教育的摇篮”，其核心思想是功能主义和理性主义。肯定机器生产的成果，重视技术与艺术相结合，设计的目的是人而不是产品，遵循科学、自然和客观法则，产品要满足人们功能的需要，符合广大人民的利益。包豪斯学院产生了一大批艺术设计大师：1925 年布劳耶发明的钢管椅，成为金属家具的创始人，并且他还是家具标准化的创始人；另一大师密斯 · 凡德罗设计的巴塞罗那椅，把有机材料的皮革和无机材料的钢板完美结合起来，造型优美使之成为现代家具的杰作。1933 年包豪斯学院被关闭，一批现代设计先驱进入美国，使美国获得了许多宝贵的设计人才，设计水平迅速提高。20 世纪 60 年代以后，由于青年人追求新鲜多变的心理，家具设计风格开始追求异化、娱乐化和古怪化的形式，这便是宇宙时代风格。这种设计风格强调空气动力学，强调速度感，色彩多用银灰色，家具造型多为不规则的立体，模仿宇宙飞行器的奇特形状。随着新材料、新工艺的不断涌现，后来出现了吹气的塑料家具，设计师用空气代替海绵、麻布和弹簧等弹性材料，为人们的生活带来了全新的感受。

各式现代家具如图 2-22 ～图 2-26 所示。

2-22
2-23

图 2-22　盖里椅
图 2-23　巴塞罗那椅

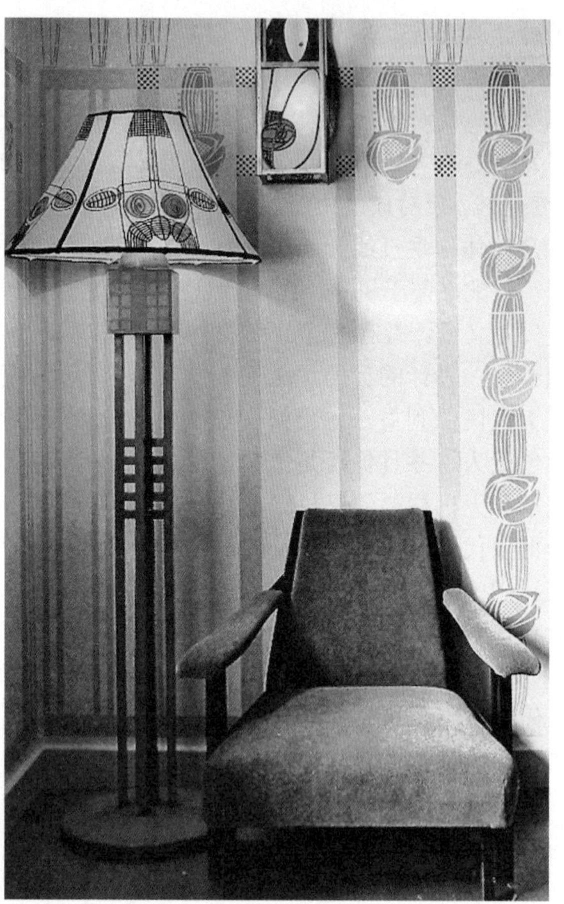

2-24	2-25
2-26	

图 2-24　麦金托什椅
图 2-25　工艺美术运动时期家具
图 2-26　现代家具

三、家具设计的造型原则

家具是科学、艺术、物质和精神的结合。家具设计涉及心理学、人体工程学、结构学、材料学和美学等多学科领域。家具设计的核心就是造型，造型好的家具会激发人们的购买欲望。家具的造型设计应注意以下几个问题。

1. 比例

比例是一个度量关系，是指家具的长、宽、高三个方向的度量比。

2. 平衡

平衡给人以安全感，分对称性平衡和非对称性平衡。

3. 和谐

和谐指构成家具的部件和元素的一致性，包括材料、色彩、造型等。

4. 对比

对比指强调差异，互为衬托，有鲜明的变化。例如，方与圆、冷与暖、粗与细等。

5. 韵律

韵律是一种重复、有节奏的运动。韵律可借助于形状、色彩和线条取得，分连续韵律、渐变韵律和起伏韵律。

6. 仿生

根据造型法则和抽象原理对人、动物和植物的形体进行仿制和模拟，设计出具有生物特点的家具。

1. 家具按使用功能分为哪些类型的家具？
2. 巴洛克时期家具的特点是什么？
3. 家具设计的造型原则有什么？

第二节　优秀家具图片欣赏

优秀家具图片如图 2-27 ～图 2-59 所示。

图 2-27　先生椅　密斯·凡德罗设计

图 2-28　钻石椅　哈利·博托埃设计

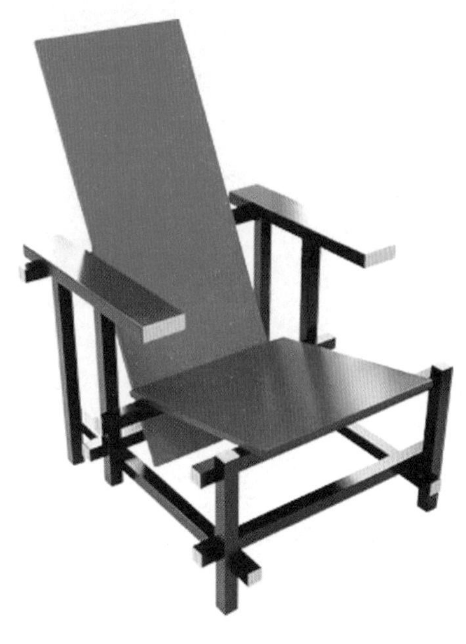

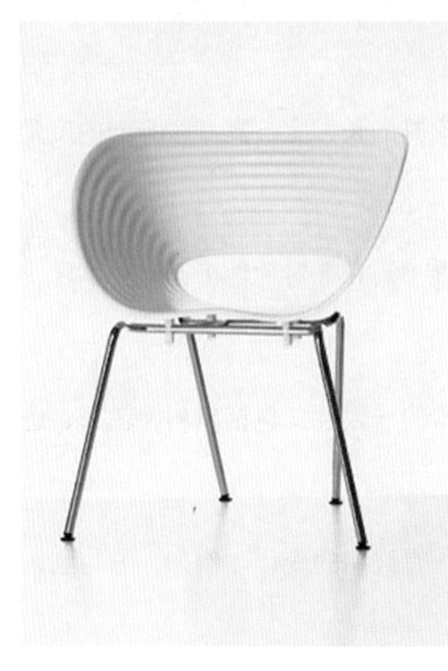

图 2-29 红蓝椅
里特维尔德设计
图 2-30 Tom Vac 椅
阿拉德设计
图 2-31 现代休闲椅（1）
阿尔瓦 · 阿图设计
图 2-32 现代休闲椅（2）
阿尔瓦 · 阿图设计
图 2-33 现代休闲椅（3）
阿尔瓦 · 阿图设计
图 2-34 现代休闲椅（4）
阿尔瓦 · 阿图设计

2-29	2-30
2-31	2-32
2-33	2-34

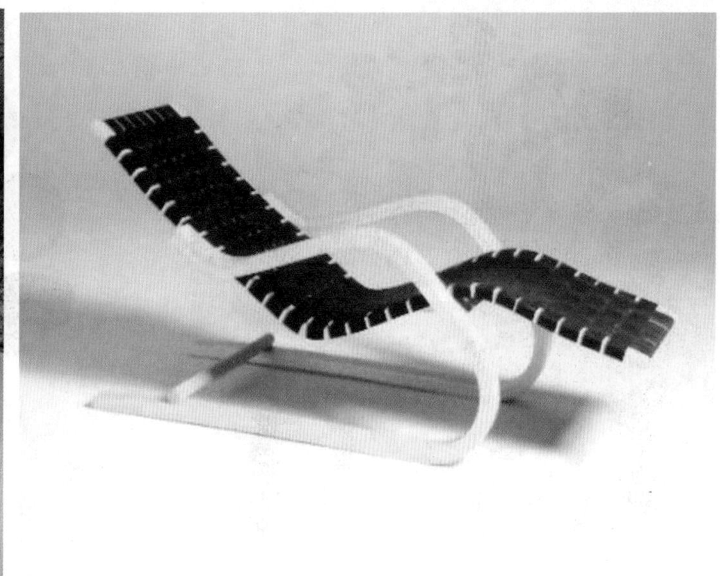

图 2-35　现代休闲悬臂椅　阿尔瓦·阿图设计
图 2-36　现代休闲躺椅　阿尔瓦·阿图设计
图 2-37　月光花园扶手椅　梅田正德设计
图 2-38　花瓣椅
图 2-39　现代茶几　艾琳格瑞设计
图 2-40　蚁椅　雅克比松设计

2-35 | 2-36
2-37
2-38 | 2-39 | 2-40

图 2-41　Proust 扶手椅
亚历山德罗 · 门迪尼设

图 2-42　Marshmaiiow 沙发
乔治 · 尼尔森设计

图 2-43　草编椅
汤姆 · 迪克生设计

图 2-44　无扶手悬臂椅
马特 · 斯坦设计

图 2-45　郁金香椅
埃罗 · 沙里宁设计

图 2-46　胎椅
埃罗 · 沙里宁设计

2-41	2-42
2-43	2-44
2-45	2-46

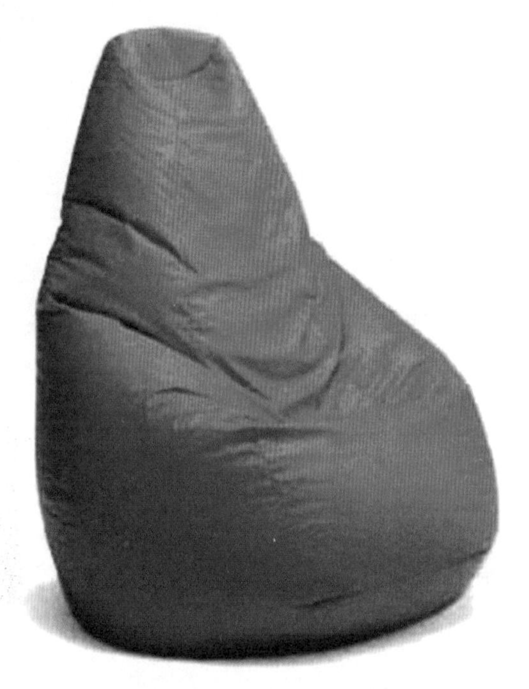

2-47

2-48 | 2-49

2-50

图 2-47　蛋椅和天鹅椅　雅克比松设计

图 2-48　咖啡椅　艾罗 · 阿尼奥

图 2-49　拳击手套椅　皮埃罗 · 加迪设计

图 2-50　巴塞罗那椅　密斯 · 凡德罗设计

2-51	2-52
2-53	
2-54	

图 2-51　潘东椅　潘东设计
图 2-52　网编椅　汉斯·瓦格纳设计
图 2-53　两支椅　娜娜·第塞尔设计
图 2-54　耶椅　乔治·尼尔森设计

2-55	
2-56	2-57
2-58	

图 2-55　曲线形茶几
卡罗·莫里洛设计
图 2-56　Faborg 椅
卡瑞·克琳特
图 2-57　手形椅
吉奥纳坦·德帕斯
图 2-58　休闲椅
查尔斯·伊莫斯

图 2-59　现代家具

图 2-59　现代家具（续）

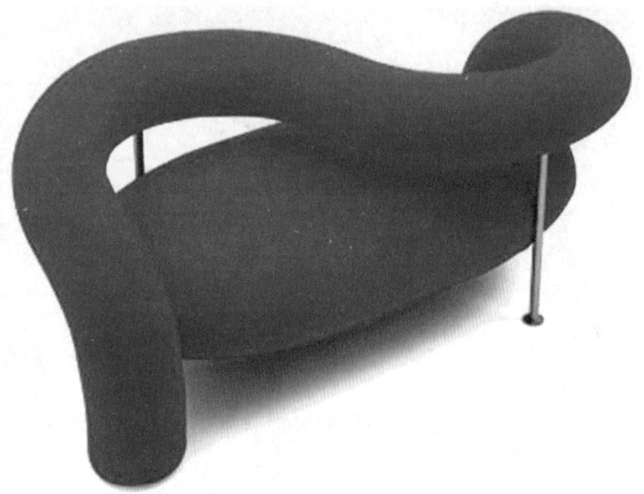

图 2-59　现代家具（续）

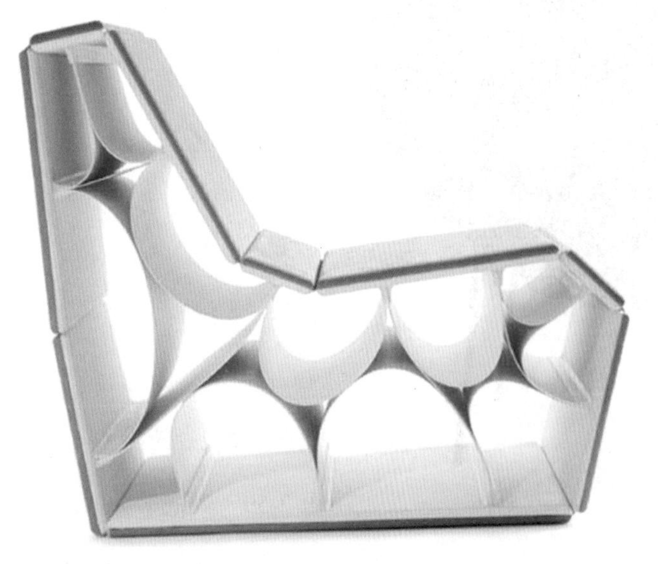

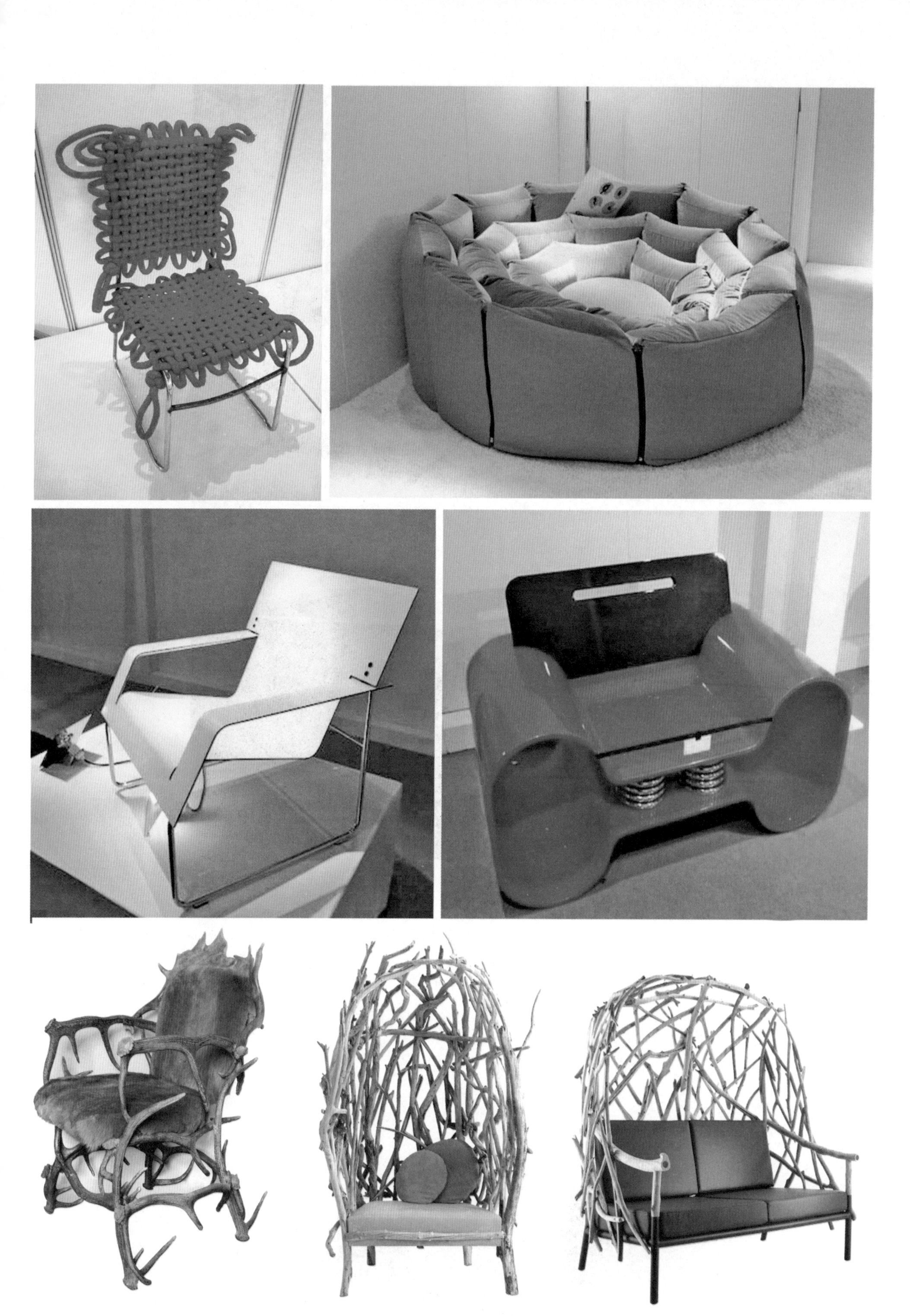

图 2-59　现代家具（续）

图 2-59　现代家具（续）

图 2-59　现代家具（续）

图 2-59　现代家具（续）

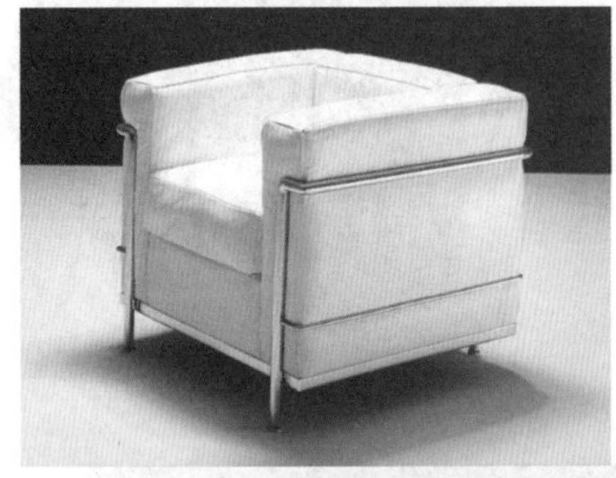

图 2-59　现代家具（续）

图 2-59　现代家具（续）

第三章

室内陈设设计与表现

第一节　室内灯具设计

灯具是室内人工照明的主要光源，其种类繁多，造型各异，在室内装饰中起着重要的作用。灯具分为悬挂式灯具、嵌入式灯具、吸顶式灯具、导轨式灯具和支架式灯具。悬挂式灯具中最常见的是吊灯；嵌入式灯具中最常见的是筒灯；吸顶式灯具中最常见的是吸顶灯；导轨式灯具中最常见的是导轨射灯；支架式灯具中最常见的是台灯、壁灯和落地灯。

灯具的选择与设计应注意以下几点。

（1）应该与室内整体风格相协调。中式风格的室内选择中式灯具；欧式风格的室内选择欧式灯具；现代风格的室内选择现代灯具，切不可鱼龙混杂，张冠李戴。

（2）应该兼顾功能性、装饰性和稳定性。要根据区域的面积和照明需求有效地布置灯具。同时，还应精心选择或设计出造型美观、设计新颖的灯具，为室内装饰增光添彩。

（3）应该与具体的空间形式相结合。根据空间的功能要求来进行选择与设计。如客厅的功能主要是家人聚会、娱乐和待客，是一个开放性的活动场所，所以在选择灯具时，应尽量考虑体现出主人的风度和气派，可选择较豪华的水晶吊灯。

（4）应该与室内整体光环境的营造相结合。室内光环境是一个综合体，需要表现出不同的光照效果。如重点照明时，可以选用导轨射灯进行强化照射，达到突出重点的目的。在一些主题墙的设计中，常用连续的几个筒灯，形成弧形的照射光带，既可以营造出造型的立体效果，又可以形成连续而有节奏的曲线美感。

室内灯具如图 3-1 ～图 3-12 所示。

图 3-1　欧式吊灯

图 3-1　欧式吊灯（续）

图 3-2　中式灯具

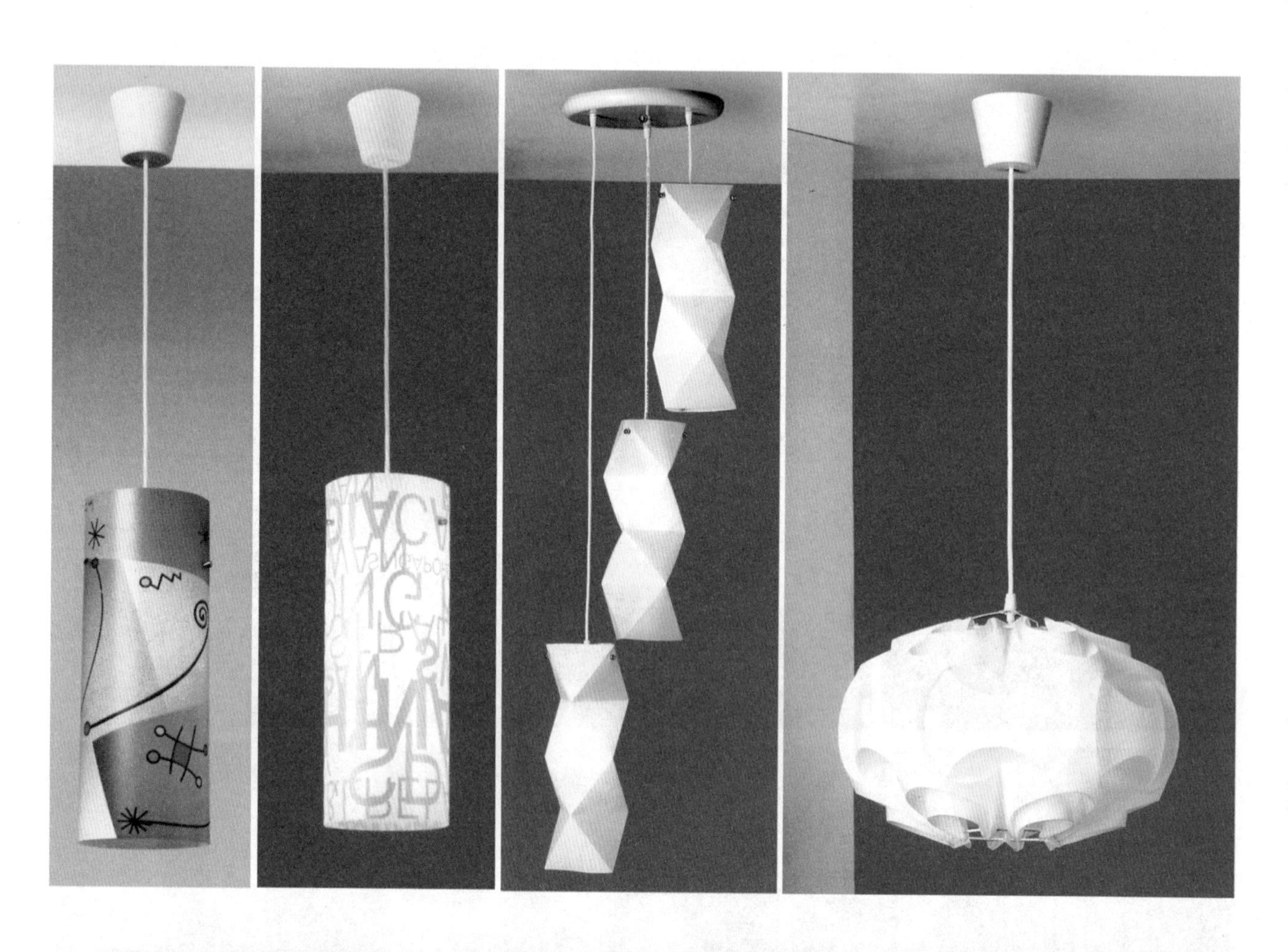

图 3-3　现代吊灯

图 3-3 现代吊灯（续）

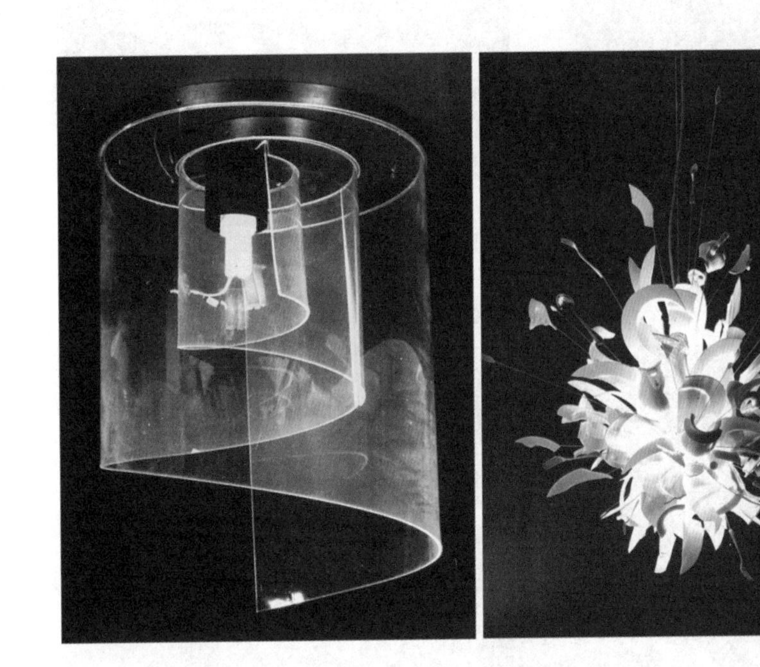

图 3-3 现代吊灯（续）

图 3-3　现代吊灯（续）

图 3-3　现代吊灯（续）

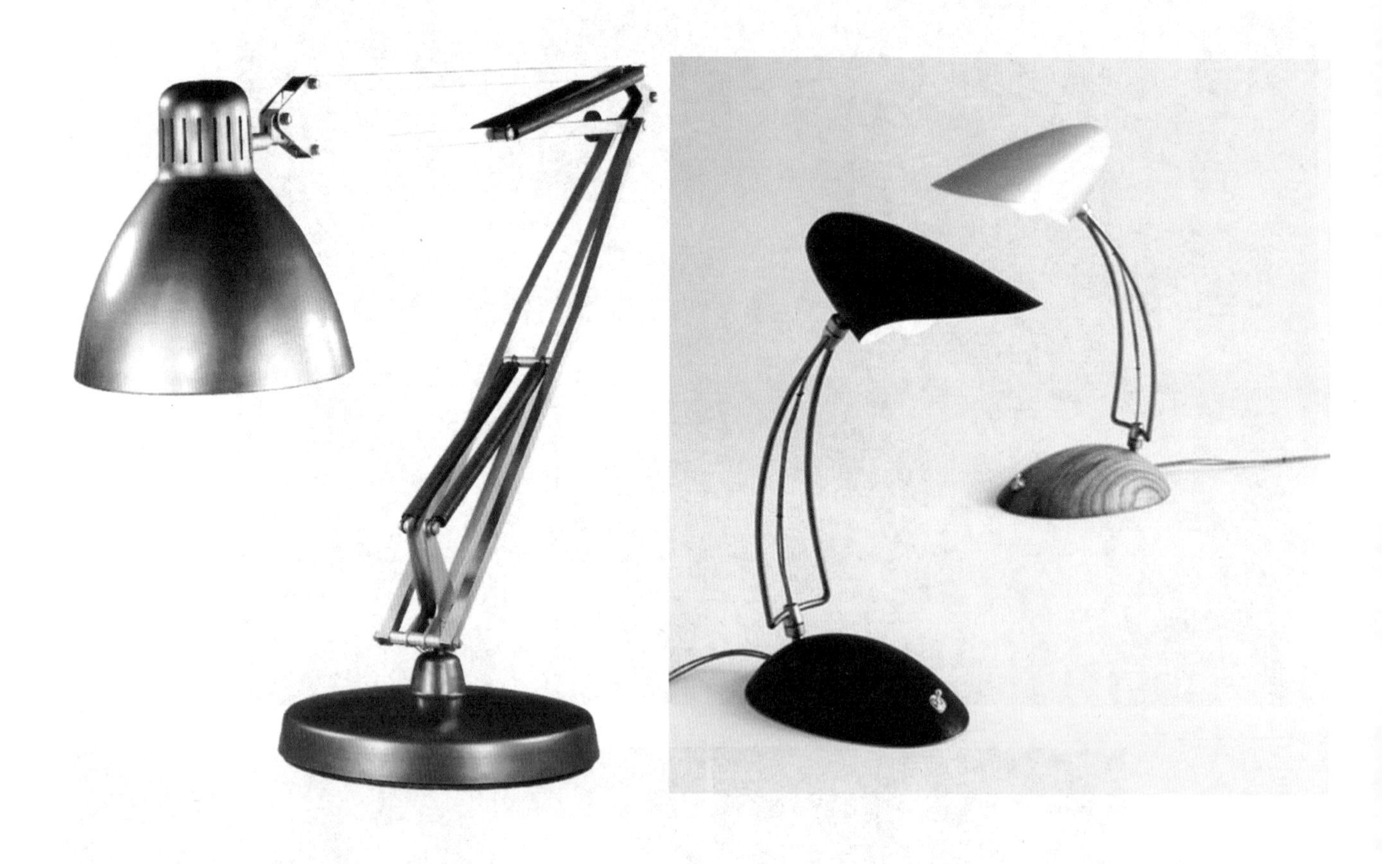

图 3-4　现代台灯

3-5 / 3-6

图 3-5　欧式台灯

图 3-6　中式台灯

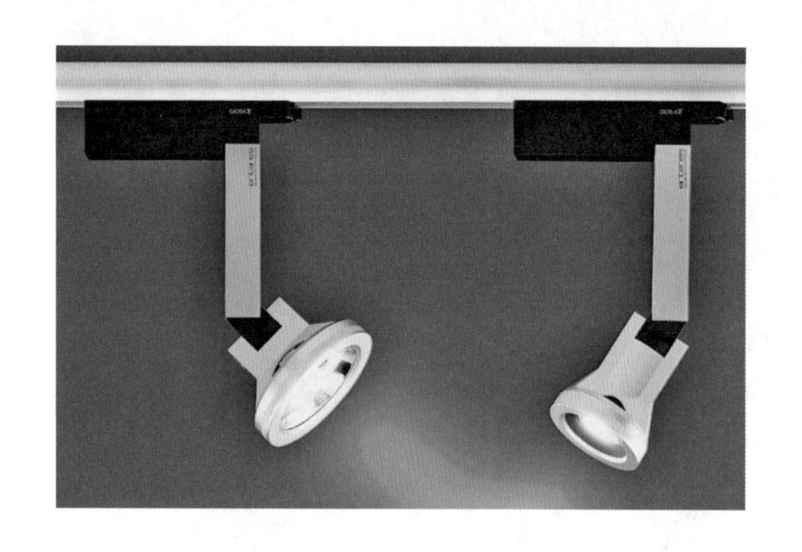

3-7
3-8

图 3-7　导轨射灯
图 3-8　现代风格灯具

图 3-9　自然风格台灯

图 3-10　自然风格吊灯

3-11
3-12

图 3-11　现代落地灯
图 3-12　欧式风格落地灯

1. 灯具如何分类？
2. 灯具的选择与设计应注意哪些问题？

第二节　室内陈设设计

室内陈设是指室内的摆设，是用来营造室内气氛和传达精神功能的物品。随着人们生活水平和审美水平的提高，人们越来越注重室内陈设品装饰的重要性，室内设计已经进入“重装饰轻装修”的时代。

室内陈设设计时首先应注意陈设品的格调要与室内的整体环境相协调；其次，要注意主次关系，使陈设品成为“点睛之笔”而不破坏整体效果；最后，还要考虑使用者的喜好，尽量选择与使用者年龄和职业相符的陈设品。

室内陈设设计时还要注意体现民族文化和地方文化。国内的许多宾馆常用陶瓷、景泰蓝、唐三彩、中国画和书法等具有中国传统文化特色的装饰来体现中国文化的魅力，使许多外国游客流连忘返。盆景和插花也是室内常用的陈设品，植物花卉的色彩让人犹如置身于大自然，给人以勃勃生机。

一、室内陈设的分类

室内陈设从使用角度上，可分为功能性陈设（如灯具、织物和生活日用品等）和装饰性陈设（如艺术品、工艺品、纪念品、观赏性植物等）。

室内陈设从材质上可分为以下几个大类。

1. 家居织物

家居织物主要包括窗帘、地毯、床单、台布、靠垫和挂毯等。这些织物不仅有实用功能，还具备艺术审美价值。织物的选择与布置要充分发挥其材料质感、色彩和纹理的表现力，增强室内艺术气氛，陶冶人的情操。

窗帘具有遮蔽阳光、隔声和调节温度的作用。窗帘应根据不同空间的特点及光线照射情况来选择。采光不好的空间可用轻质、透明的纱帘，以增加室内光感；光线照射强烈的空间可用厚实、不透明的绒布窗帘，以减弱室内光照。隔声的窗帘多用厚重的织物来制作，褶皱要多，这样隔声效果更好。窗帘调节温度主要运用色彩的变化来实现，如冬天用暖色，夏天用冷色；朝阳的房间用冷色，朝阴的房间用暖色。制作窗帘的材料很多，如布、纱、竹、塑料等。窗帘的款式包括单幅式、双幅式、束带式、半帘式、横纵向百叶帘式等。

窗帘扣式、褶皱及举例如图 3-13 ～图 3-15 所示。

平面式

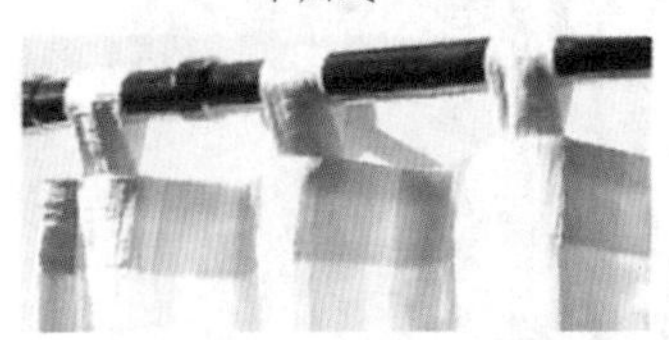

布环式

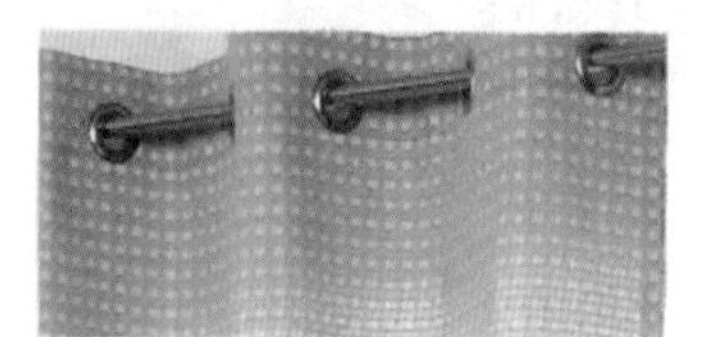

金属扣式

丝带式

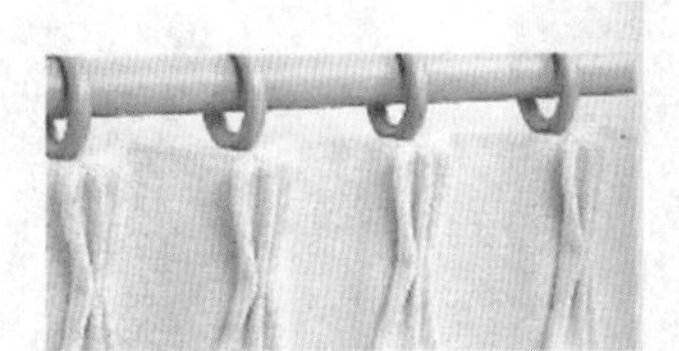

3层山峰式褶皱

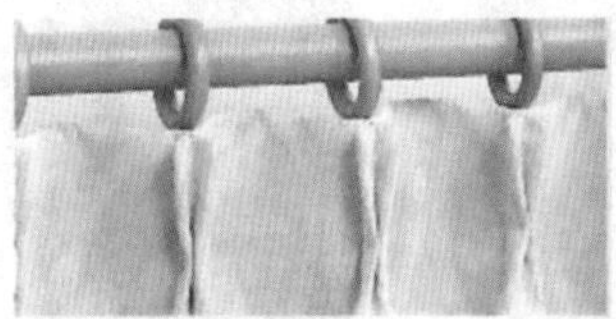

2层山峰式褶皱

手捏式褶皱（简单型）

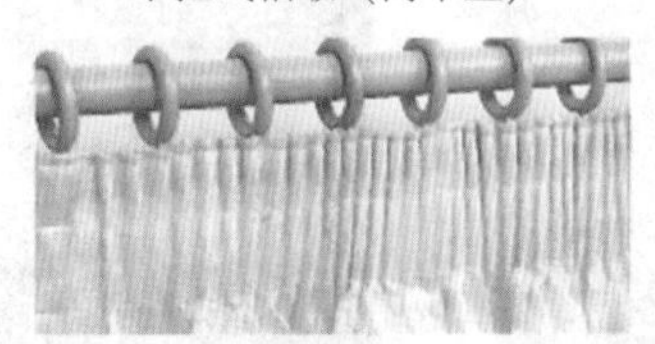

细密的褶皱

图 3-13 窗帘扣式
图 3-14 窗帘褶皱
图 3-15 窗帘

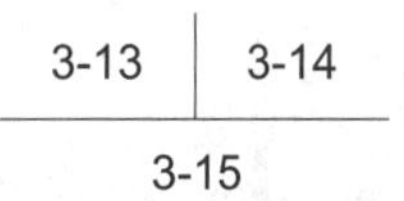

图 3-15 窗帘（续）

地毯是室内铺设类装饰品，广泛用于室内装饰。地毯不仅视觉效果好，艺术美感强，还可以吸收噪声，创造安宁的室内气氛。此外，地毯还可使空间产生聚合感，使室内空间更加整体、紧凑。地毯分为纯毛地毯、混纺地毯、合成纤维地毯、塑料地毯和植物编织毯等。

地毯如图 3-16 所示。

图 3-16　地毯

图 3-16　地毯（续）

靠垫是沙发的附件，可调节人们的坐、卧、倚、靠姿势。靠垫的形状以方形和圆形为主，多用棉、麻、丝和化纤等材料，采用提花、印花和编织等制作手法，图案自由活泼，趣味性强。靠垫的布置应根据沙发的样式来进行选择，一般素色的沙发用艳色的靠垫，而艳色的沙发则用素色的靠垫。

靠垫如图 3-17 所示。

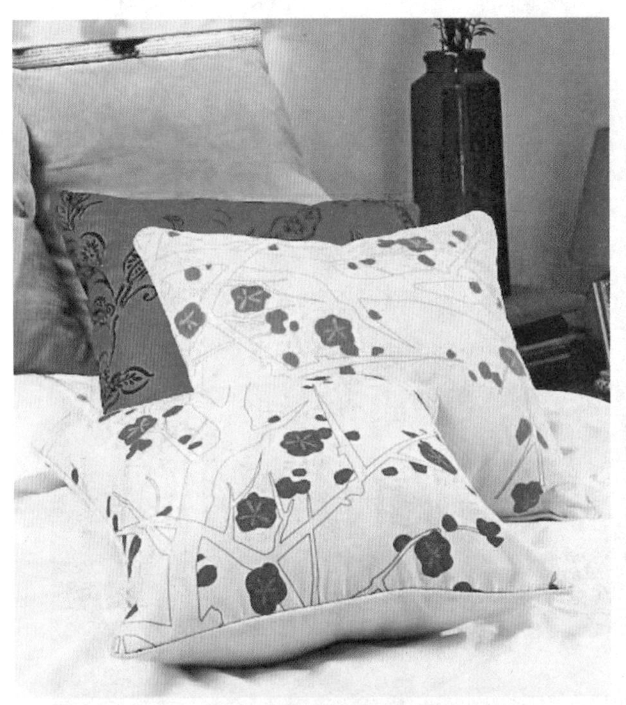

图 3-17　靠垫

2. 艺术品和工艺品

艺术品和工艺品是室内常用的装饰品。艺术品包括绘画、书法、雕塑和摄影等，有极强的艺术欣赏价值和审美价值。工艺品既有欣赏性，又有实用性。

1）艺术品

艺术品是室内珍贵的陈设品，艺术感染力强。在艺术品的选择上要注意与室内风格相协调。欧式古典风格室内中应布置西方的绘画（油画、水彩画）和雕塑作品；中式古典风格室内中应布置中国传统绘画和书法作品。中国画形式和题材多样，分工笔和写意两种画法，又有花鸟画、人物画和山水画三种表现形式。中国书法博大精深，分楷、草、篆、隶、行等书体。中国的书画必须要进行装裱，才能用于室内的装饰。

艺术品如图 3-18 ～图 3-27 所示。

3-18	3-19
3-20	3-21

图 3-18　风景油画
图 3-19　水彩画
图 3-20　雕塑
图 3-21　中国写意画

3-22

3-23

图 3-22　中国工笔画
图 3-23　中国人物画

3-24	3-25
3-26	

图 3-24　中国花鸟画
图 3-25　中国山水画
图 3-26　中国书法（1）
王羲之《二谢帖》

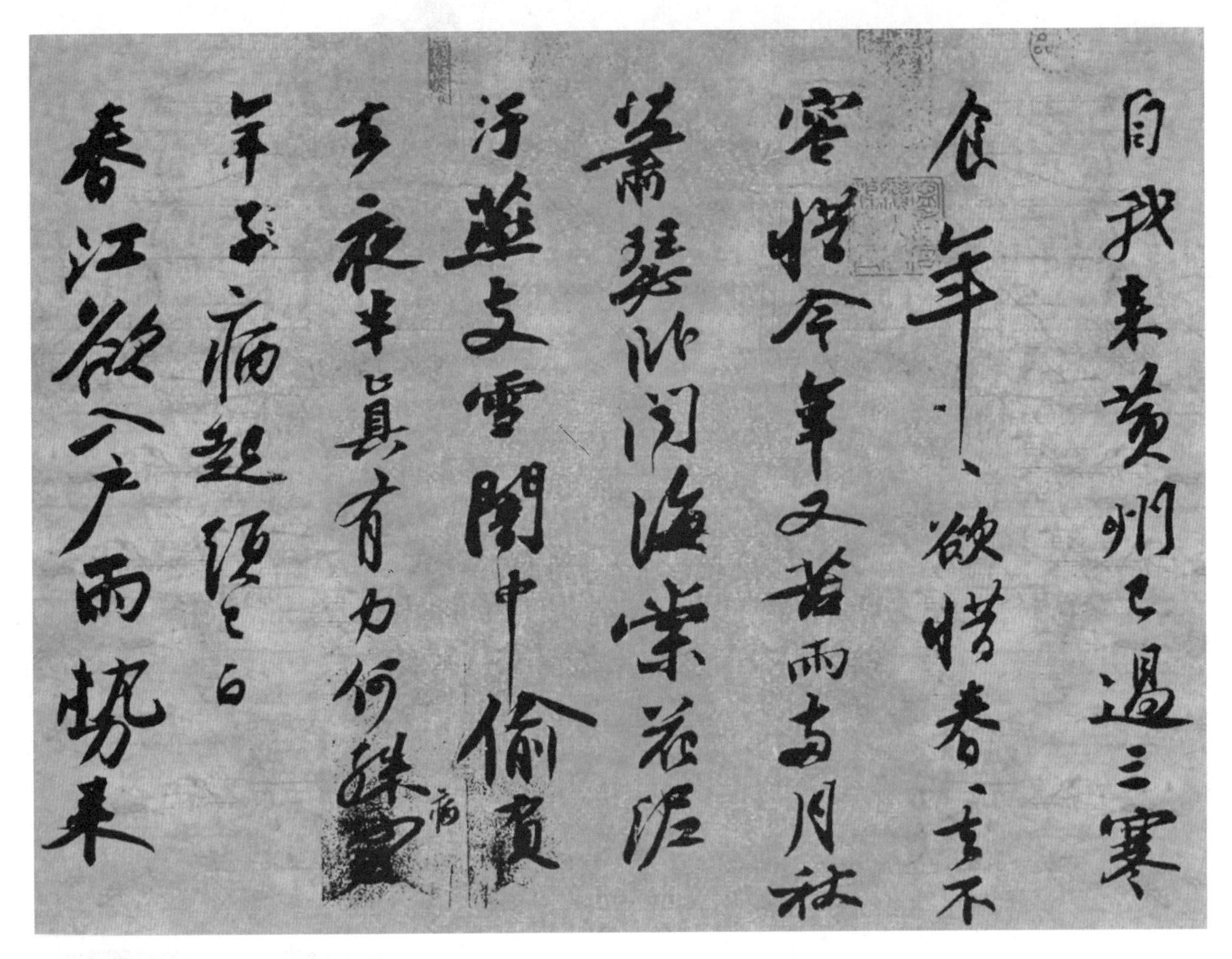

图 3-27　中国书法（2）　苏东坡《寒食诗帖》

2）工艺品

工艺品主要包括瓷器、竹编、草编、挂毯、木雕、石雕、盆景等。此外，还有民间工艺品，如泥人、面人、剪纸、刺绣、织锦等。其中，陶瓷制品特别受人们喜爱，它集艺术性、观赏性和实用性于一体，在室内放置陶瓷制品，可以体现出典雅脱俗的效果。陶瓷品种分两类：一类为装饰性陶瓷，主要用于摆设；另一类为集观赏和实用相结合的陶瓷，如陶瓷水壶、陶瓷碗、陶瓷杯等。青花瓷是中国的一种传统名瓷，其沉着、质朴的靛蓝色体现出温厚、典雅、和谐的美感。除此之外，一些日常用品也能较好地实现装饰功能，如一些玻璃器具和金属器具晶莹透明、绚丽闪烁，光泽性好，可以增加室内华丽的气氛。

工艺品如图 3-28 ～图 3-33 所示。

图 3-28　陶器
图 3-29　青铜器

3-28
3-29

3-30
3-31

图 3-30　青花瓷
图 3-31　盆景

3-32 图 3-32 石雕

3-33 图 3-33 玻璃器具

3. 其他陈设

其他陈设还有家电类陈设，如电视机、DVD 机和音响设备等；音乐类陈设，如光碟、吉他、钢琴、古筝等；运动器材类陈设，如网球拍、羽毛球拍、滑板等。除此之外，各种书籍也可作室内陈设，既可阅读，又能使室内充满文雅书卷气息。

其他陈设如图 3-34 ～图 3-35 所示。

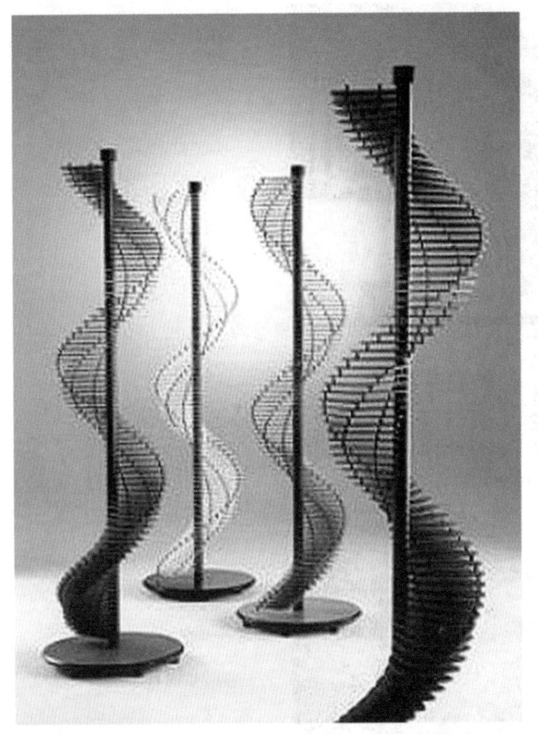
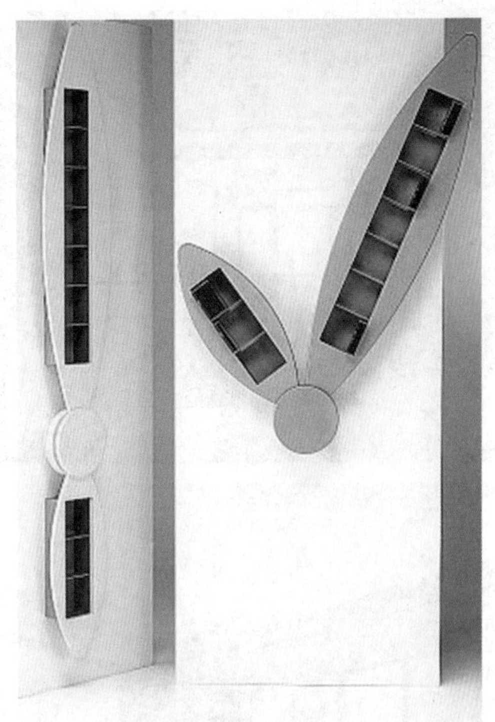

3-34
3-35

图 3-34　光碟架
图 3-35　书架

二、室内陈设的设计形式

室内陈设可以按照形式美的法则来进行设计。形式美的法则主要通过以下几种设计手法来实现。

1. 对称

对称就是沿中轴线使两侧的形象相同或相近。对称是一种经典的形式设计手法，古希腊哲学家毕达哥拉斯曾说："美的线型和其他一切美的形体都必须有对称形式。"对称已经深深地根植于人们的审美意识中，它可以制造出稳重、庄重、均衡、协调的效果。如图 3-36 ～图 3-38 所示。

图 3-36　对称的立面造型
图 3-37　对称的床头背景墙造型
图 3-38　对称的墙面造型

3-36
3-37
3-38

2. 重复

重复是指相同或相似的形象连续反复地出现。重复可以使形象更加和谐、统一，表现出节奏美和韵律美。如图 3-39 ～图 3-43 所示。

图 3-39　重复的墙面造型

图 3-40　重复的立面造型

3-39

3-40

3-41

3-42

3-43

图 3-41　重复的钢结构造型

图 3-42　重复的天花吊顶造型

图 3-43　重复的天花吊顶和立面造型

3. 均衡

均衡是指按照力学原理，使形象在视觉上达到平衡、协调效果的设计手法。均衡可以使形象更加稳定、和谐。均衡可以通过物体形、色、质的合理分配来实现。如图 3-44 ～图 3-45 所示。

图 3-44　均衡的立面造型

图 3-45　均衡的天花吊顶造型

4. 对比

对比是指使形象之间产生明显差异的设计手法。对比可以使主体形象更加突出，视觉中心更加明确。对比可通过大小、方圆、凹凸、曲直、深浅、软硬等形式表现出来。如图 3-46 ～图 3-52 所示。

图 3-46　采用大小对比手法设计的地毯

图 3-47　采用方圆对比的立面造型

3-46 | 3-47

3-48

3-49 | 3-50

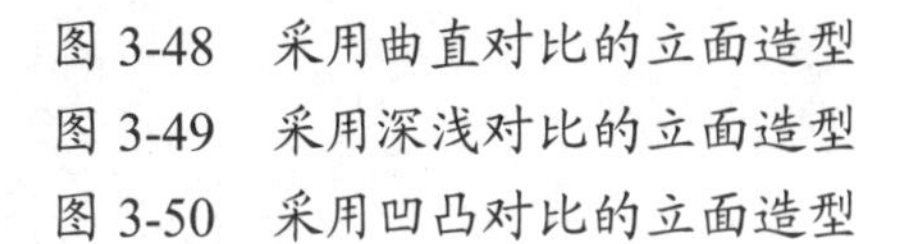

图 3-48　采用曲直对比的立面造型

图 3-49　采用深浅对比的立面造型

图 3-50　采用凹凸对比的立面造型

3-51
3-52

图 3-51　采用深浅对比的餐饮空间

图 3-52　采用软硬对比的餐饮空间

5. 呼应

呼应是指使形象之间产生某种联系或协调关系的设计手法。呼应可分为形的呼应和色的呼应。形的呼应是指形体之间的协调、对应关系，如圆形的天花板造型与圆形的地面大理石拼花之间的呼应；色的呼应是指色彩之间的协调、对应关系，如红色的墙面漆与红色室内陈设物之间的呼应。呼应可以强化主体形象，加强形象之间的联系，使形象更加整体、协调。如图 3-53 ～图 3-55 所示。

图 3-53　墙面与地面的呼应

图 3-54　天花吊顶的直线条与立面直线条的呼应
图 3-55　色彩之间的呼应

3-54
3-55

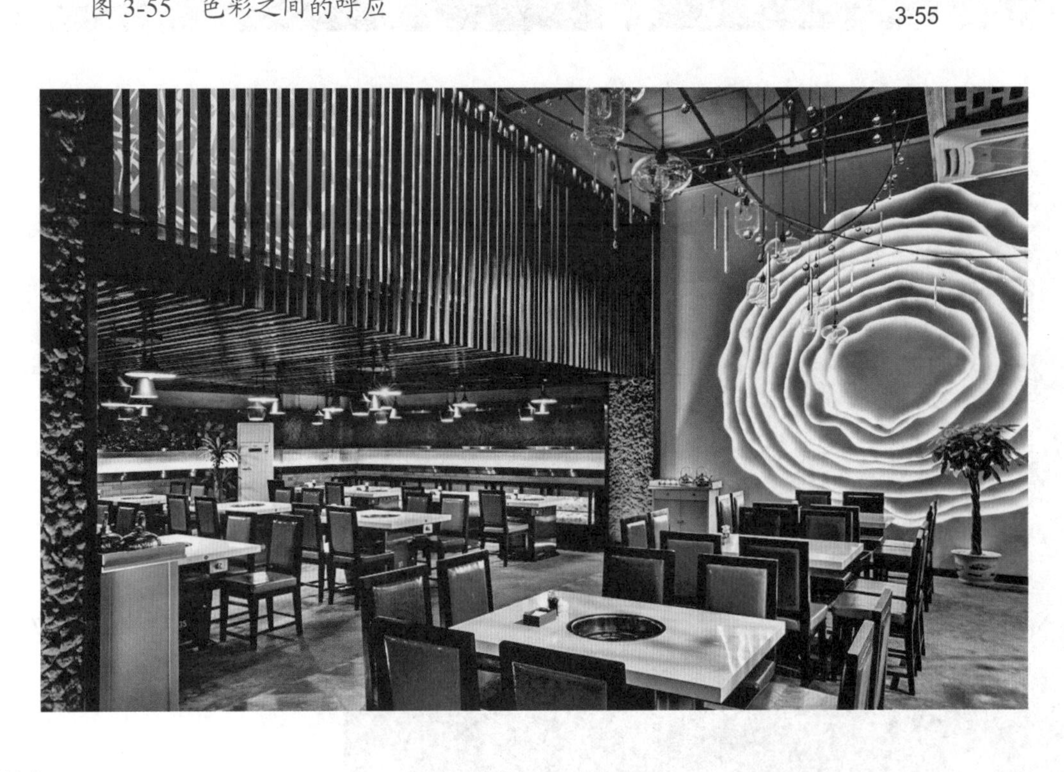

6. 渐变

渐变是指形象按照一定的规律逐渐变化的设计手法。渐变可分为形状渐变、大小渐变、方向渐变、位置渐变、骨骼渐变和色彩渐变。渐变可以增强形象的秩序感和节奏感，打破呆板的构图形式。如图 3-56 ～图 3-58 所示。

图 3-56　天花板的形状渐变
图 3-57　天花吊顶选型的渐变效果
图 3-58　天花板的方向渐变

3-56	3-57
3-58	

7. 光雕

光雕是指将光线照射物体时产生的投影作为设计元素的设计手法。光雕可以产生虚的形象，使画面效果虚实相交，变化丰富。如图 3-59 所示。

图 3-59　光雕效果

图 3-59　光雕效果（续）

8. 解构

解构是指运用创新的设计理念来分解和重组形体，创造新形象的设计手法。解构可以打破传统的均衡构图形式，使形象更加奇特、新颖，充满活力。如图 3-60 和图 3-61 所示。

图 3-60　解构的室内

图 3-60　解构的室内（续）

图 3-61　解构建筑

3-60

3-61

9. 倾斜

倾斜是指将形象向前或向后作适当角度调整的设计手法。倾斜可以打破横平竖直的常规构图形式，使形象更加新颖、独特。如图 3-62 所示。

图 3-62　采用倾斜手法设计的墙面

10. 仿生

仿生是指仿造自然界中的动植物形象，创造出新形象的设计手法。仿生设计可以满足人们回归自然的心理需求，增强形象的生动感和趣味感。如图 3-63 ～图 3-67 所示。

图 3-63　采用仿生手法设计的幼儿园课室

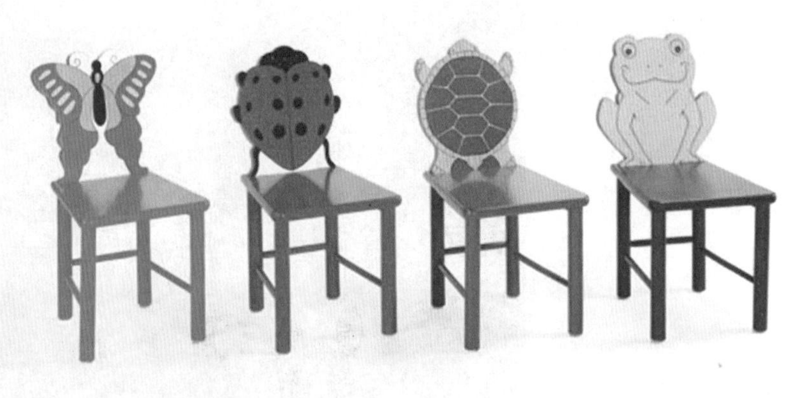

图 3-64　采用仿生手法设计的椅子
图 3-65　采用仿生手法设计的办公室
图 3-66　采用仿生手法设计的酒吧

3-64
3-65
3-66

图 3-67　采用仿生手法设计的展厅

1. 室内陈设设计时应注意哪些问题？
2. 室内陈设如何分类？
3. 室内陈设的设计手法有哪几种？

第三节 优秀室内陈设品欣赏

优秀室内陈设品图片如图 3-68 ～图 3-106 所示。

大小错落悬挂的黑框装饰画体现出强烈的节奏感和韵律感，使墙面的视觉效果更加丰富多彩

粗犷的文化石背景与光滑的装饰画框形成质感的对比，较好地衬托出墙面的装饰画

大小不同、色彩各异的装饰画框丰富了墙面的装饰效果，形成立面的形式美感。这种在立面造型设计中按照一定的规律进行交错组合而产生的韵律称之为交错韵律

深色的装饰画框使挂画和墙面形成前后的层次感；大幅的装饰画在下，小幅的装饰画在上，也使墙面的整体视觉效果显得更加稳重、协调

装饰画的悬挂方式以对称和均衡为主要形式，上下左右、斜角和对角形成视觉的平衡，使墙面的装饰效果更具秩序感。这种以中轴的水平线和垂直线为基线，使整体造型中各个部分通过相互对应以达到空间和谐布局的形式表现方法，称为镜面对称

图 3-68 室内陈设的布置技巧（1）

石头使空间的肌理显得质朴、自然

沙发上的动物皮没毛毯子与整体空间自然、质朴的风格相吻合

重复设置的挂画营造出庄重、典雅的空间氛围

灰色的青砖配合素色的家具与挂画，使空间的整体气氛显得宁静、淡雅

碎花的红色窗帘为空间带来了活力和动感

重复并置的挂画创造出秩序感，深色画框与浅色墙面的组合增强了空间的层次感

图 3-69　室内陈设的布置技巧（2）

水池里飘洒的花瓣营造出浪漫、温馨的情调

造型独特、肌理质感清晰的原木镜框极具田园野趣，让人仿佛置身于大自然的清新环境之中

深色、粗糙的仿古地砖配合天然的木质家具，营造出室内朴素、自然的空间氛围

藤编的小茶几和竹编的座椅表现出自然、朴素的质感和清新、雅致的空间氛围，与手工地毯形成粗糙与细腻、坚硬与柔软、天然与人造的材质对比效果

粗糙的墙面更具原始、野性的美感

蜡烛的烛光是营造情调的常用设计元素

图 3-70　室内陈设的布置技巧（3）

餐桌上的插花美化了空间环境，营造出温馨、浪漫的就餐氛围

造型独特的红酒杯里放置几朵黄玫瑰，显得极具浪漫情调

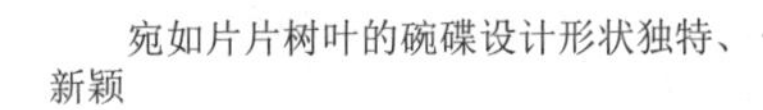

宛如片片树叶的碗碟设计形状独特、新颖

玻璃内置花球的陈设为餐桌增添了几分闲情易趣

图 3-71　室内陈设的布置技巧（4）

大小不同，错落有致的素色装饰画呼应了天花吊顶造型的节奏感

丹麦家具设计大师汉斯·维格纳设计的仿明式木质座椅，增强了空间的艺术品位

天花板上悬挂大小不同的青花瓷碗，表现出强烈的节奏感和韵律感

图 3-72　室内陈设的布置技巧（5）

树枝条做成的圆形水果托盘显得自然、纯朴

树枝做成的小鸟屋精巧、别致，极具自然气息

透明玻璃做成的鸟巢显得独特而新颖

铜质的花形装饰烛台质朴、典雅，古色古香

图 3-73　室内陈设的布置技巧（6）

大小错落排列的圆镜和蜡烛增强了空间的节奏感和韵律感

重复设置的球形花瓶为空间带来了秩序与均衡

重复设置的吊灯呼应了桌面的球形花瓶，使空间的秩序感得到强化。室内陈设的呼应可运用相同或相似的构件配置于空间中各个不同的局部，使之重复出现，以取得呼应的效果

羽毛形的塑料片大面积悬挂于天花之上，形成强烈的视觉冲击力，并柔化了空间形态，使空间更具亲和力

仿树枝形的装饰立面造型为空间带来几许自然气息

图 3-74　室内陈设的布置技巧（7）

老式的弧形窗配合背景的报纸，传递出浓郁的生活氛围

体积庞大的布艺灯笼成为空间的视觉焦点，也烘托出浪漫的就餐氛围

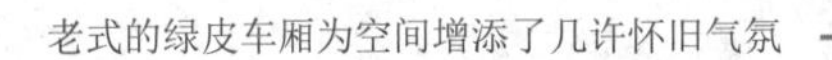

老式的绿皮车厢为空间增添了几许怀旧气氛

连续弯曲的灯具为空间带来活力

图 3-75　室内陈设的布置技巧（8）

图 3-76　室内陈设的布置技巧（9）

墙面的绿植营造了清新、自然的室内环境氛围，传递出浓郁的生活情趣

绿色纱布包裹的天花造型新颖、独特，极具异国风味

仿蕉叶形的窗帘盒设计极具自然气息

动物皮革地毯极具自然原生态情趣

凹凸重叠的木条使墙面更具形式美感

图 3-77　室内陈设的布置技巧（10）

单色的沙发和花色丰富的靠垫、地毯形成强烈的对比关系，丰富了空间的层次

鲜艳的提花布艺靠垫形成强烈的聚焦效果，成为空间的画龙点睛之笔，强化了视觉中心

多姿多彩的印花布艺壁挂丰富了墙面的视觉效果，使空间更具动感和活力

简洁、朴素的背景很好地衬托了布艺家具艳丽的色彩，对比效果强烈，空间层次感显著增强

图 3-78　室内陈设的布置技巧（11）

仿自然花草的墙纸，色彩丰富，极具装饰美感和视觉冲击力

由丹麦家具设计大师潘东设计的潘东椅色彩纯净，造型新颖，表现出时尚、前卫的装饰美感

色彩丰富的布艺沙发具有极强的装饰美感，在素色背景的衬托下，表现出强烈的前进感、扩张感和视觉冲击力

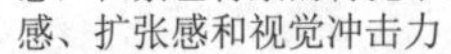

大面积的红色使空间更加活泼、生动

色彩斑斓的布艺沙发极具视觉吸引力，装饰美感极强

蓝色的灯罩与红色的布艺形成色彩的冷暖对比关系

紫红色的枕头和床单在深灰色背景衬托下更加鲜明、突出、艳丽

图 3-79　室内陈设的布置技巧（12）

仿石头的布艺靠垫让小朋友仿佛置身于大自然的怀抱，显得舒适、雅致

五彩斑斓的地毯使空间不再单调，也体现出后工业时代追求个性化的审美倾向

深色的柜子与白色的陈设品、台灯，形成深浅的层次变化，增强了视觉的立体感和进深感

曲线形的墙纸使墙面更具动感，这种动态的视觉效果与前景静态的台灯、相框和工艺品的组合相映成趣，使此处陈设显现出动静相宜、曲直相间、层次分明的视觉美感

黑色的相框使整体的色彩更加稳重，相框表面重复的方块形装饰使相框的形式美感更加强烈。此外，中等大小的相框与体积较小的方形闹钟、体积相对较大的台灯，形成高低的错落层次，这一搭配方式也是床头柜陈设的常用搭配样式

透明玻璃材质的通透感和反射效果使灯座的装饰效果更加独特，更具趣味性

深色的墙纸使前景浅色的柜子和陈设更加突出，增强了空间的层次感，曲线形的线条装饰使立面更具动感

图 3-80　室内陈设的布置技巧（13）

大小变化、错落有致的吊灯使空间更具活力

彩色的吊灯使空间更加活跃

重复排列的灯饰使空间更具秩序感，营造出典雅、庄重的氛围

图 3-81　室内陈设的布置技巧（14）

花形的吊灯成为空间的视觉焦点，为空间增添了活力和趣味

高低错落的吊灯使空间充满动感

室内的枯树造型为空间带来几分田园野趣

高低错落的吊灯为空间带来节奏感和韵律感

镂空的铁艺隔断使空间更加流畅、连贯，同时也扩大了空间的视野

图 3-82　室内陈设的布置技巧（15）

蜡烛在特定的空间也可以作为灯饰使用，其传递出的独特视觉效果对于意境的营造和氛围的烘托有着特殊的作用

雨伞形的灯饰造型别致，为空间带来独特的艺术魅力；同时，大红色的色彩也增强了空间的瞩目性

体积庞大、照明效果突出的灯饰使就餐空间更加明亮；同时，也强化了以餐桌为中心的就餐区域

图 3-83　室内陈设的布置技巧（16）

对称布置的灯饰为空间带来均衡感，也使空间看上去更加稳定、庄重、典雅

圆形的灯饰与圆形的水缸形成上下的呼应关系；同时，灯饰自身独特的造型也聚合了空间，形成视觉的焦点和中心

；

星星点点的灯饰打破了空间的单调与统一，使空间更具活力和动感

图 3-84　室内陈设的布置技巧（17）

图 3-85　中国民间工艺品

图 3-86　中国粉彩壶

图 3-87　中国景泰蓝

图 3-88　现代水壶

图 3-89　现代开瓶器

图 3-90　中国传统青花瓷器

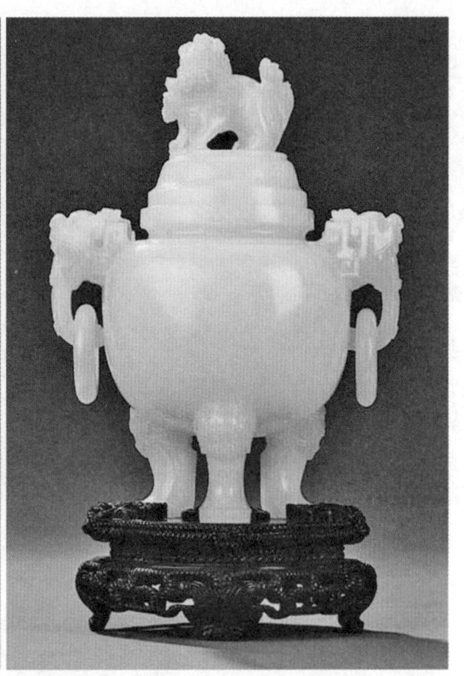

3-91

3-92	3-93

3-94

图 3-91　中国传统玉器

图 3-92　中国传统珊瑚雕刻

图 3-93　中国传统象牙雕刻

图 3-94　中国传统馏金酒具

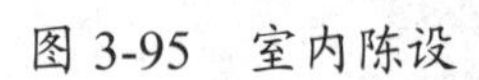

图 3-95　室内陈设

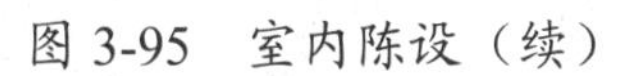

图 3-95　室内陈设（续）

图 3-95　室内陈设（续）

图 3-96　室内花卉陈设

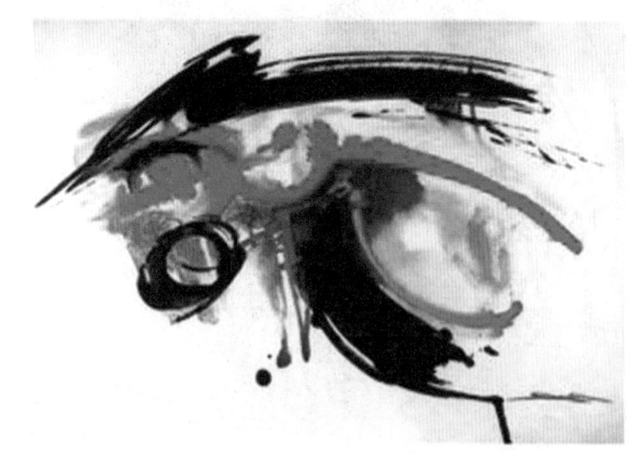
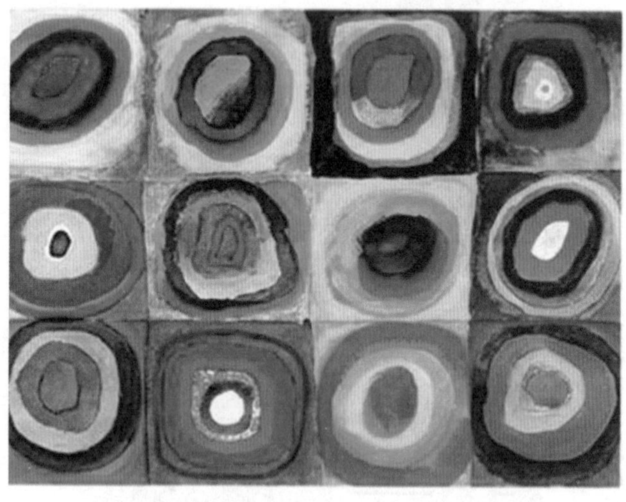

图 3-97　现代抽象挂画

图 3-97　现代抽象挂画（续）

图 3-98　现代装饰绘画

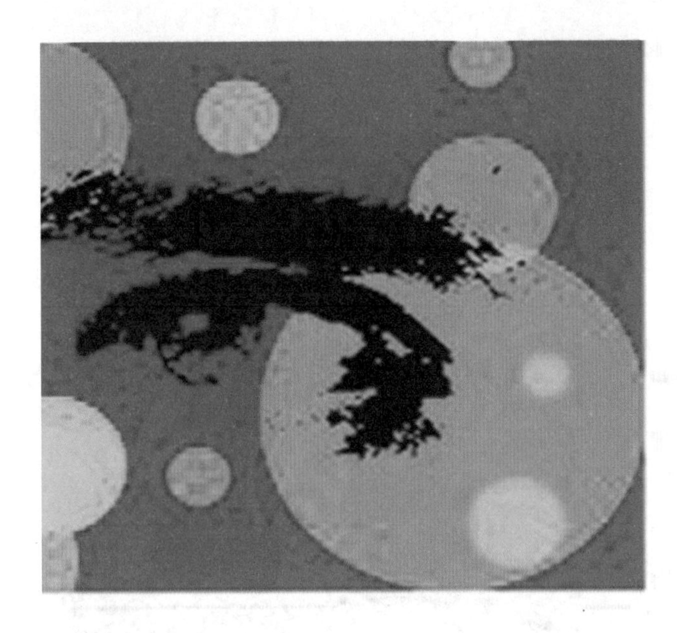

图 3-98　现代装饰绘画（续）

图 3-98　现代装饰绘画（续）

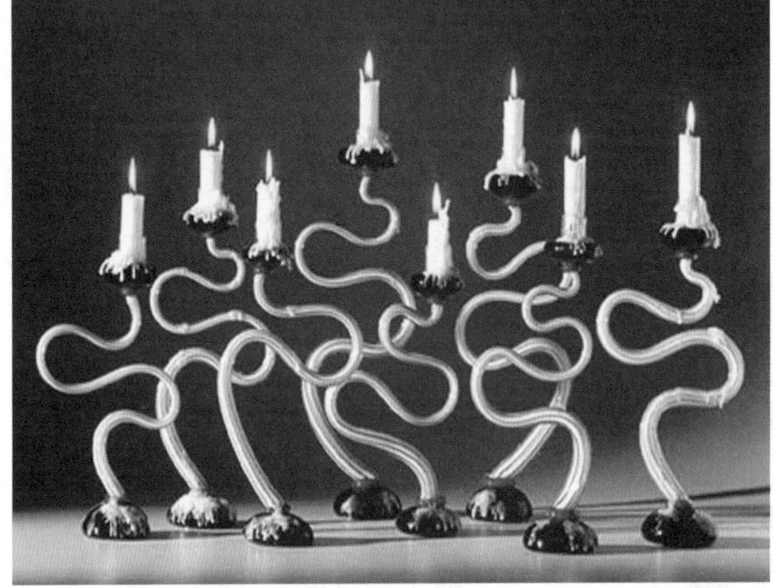

3-99
3-100

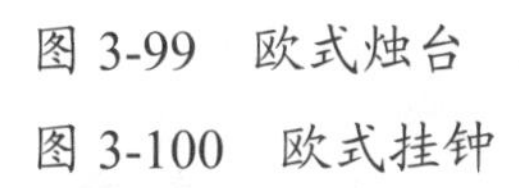

图 3-99　欧式烛台
图 3-100　欧式挂钟

3-101

3-102

图 3-101　欧式陶罐

图 3-102　欧式陈设品

图 3-103　现代陈设品

图 3-103　现代陈设品（续）

图 3-104　自然陈设品
图 3-105　中式陈设品

3-104
3-105

图 3-106　自然风格陈设品

第四节　室内绿化设计

室内绿化设计就是将自然界的植物、水体和山石等景物经过艺术加工和浓缩移入室内，达到美化环境、净化空气和陶冶情操的目的。室内绿化既有观赏价值，又有实用价值。在室内布置几株常绿植物，不仅可以增强室内的青春活力，还可以缓解和消除疲劳。室内花卉可以美化室内环境，清逸的花香可以使室内空气得到净化，陶冶人的性情。室内水体和山石可以净化室内空气，营造自然的生活气息，并使室内产生飘逸和流动的美感。

1. 室内植物

室内植物种类繁多，有观叶植物、观花植物、观景植物、赏香植物、藤蔓植物。此外，为达到室内绿化效果，还可采用仿真植物等。

室内常用的观叶植物、观花植物主要有橡胶树、垂榕、蒲葵、苏铁、棕竹、棕榈、广玉兰、海棠、龟背竹、万年青、金边五彩、文竹、紫罗兰、白花吊竹草、水竹草、兰花、吊兰、水仙、仙人掌、仙人球等。仿真植物是由人工材料（如塑料、绢布等）制成的观赏植物，在环境条件不适合种植真植物时常用仿真植物代替。

绿色植物点缀室内空间应注意以下几点。

第一，品种要适宜，要注意室内自然光照的强弱，多选耐阴的植物。例如，红铁树、叶椒草、龟背竹、万年青、文竹、巴西木等。

第二，配置要合理，注意植物的最佳视线与角度，如高度在 1.8 ～ 2.3 m 为好。

第三，色彩要和谐。例如，书房要创造宁静感，应以绿色为主；客厅要体现主人的热情，则可以用色彩绚丽的花卉。

第四，位置要得当，宜少而精，不可太多太乱，到处开花。

室内绿化如图 3-107 所示。

2. 室内水体

水体有动静之分，静则宁静，动则欢快，水体与声、光相结合，能创造出更为丰富的室内效果。常用的形式有水池、喷泉和瀑布等。如图 3-108 所示。

3. 室内山石

山石是室内造景的常用元素，常和水相配合，浓缩自然景观于室内小天地中。室内山石形态万千，讲求雄、奇、刚、挺的意境。室内山石分为天然山石和人工山石两大类，天然山石有太湖石、房山石、英石、青石、鹅卵石、黄腊石、珊瑚石等；人工山石则是由钢筋、水泥制成的仿真山石。如图 3-109 所示。

图 3-107　室内绿化

图 3-107　室内绿化（续）

图 3-108　室内水体

图 3-109　室内山石

第四章 室内家具与陈设手绘表现技巧

第一节　手绘表现技巧概述

一、手绘的概念

手绘是通过绘画的手段，徒手表现物体造型和色彩的一种绘图方法。手绘表现需要绘制者具备良好的美术功底和艺术审美能力，以便能将构思中的物体形象，通过徒手表现的方式直观而快速地再现出来。

手绘表现不同于计算机绘图。计算机绘图真实感强，但制作时间长，成本高。手绘表现的优势在于：其一，可以方便快捷地传达设计师的设计意图，将设计师心中所想的初步方案寥寥几笔，简单明了地表现出来，为下一步的深入方案设计做好准备；其二，可以收集大量的创作素材，激发创作灵感，为今后的设计创作做好准备。优秀的设计师应该善于利用手绘图来表达思维，完善设计构思，创造出完美的设计作品。手绘能力的高低也在一定程度上体现着设计师专业水平的高低。

二、手绘表现的特点

（1）科学性。手绘表现应遵循科学的方法来进行绘制。例如，物体尺寸的合理性；透视、比例的准确性；光与色变化的规律性；等等。

（2）艺术性。即通过艺术表现的手段对手绘作品进行美化，使其具有较强的艺术感染力和良好的视觉效果。艺术表现手段主要有钢笔线条的变化、色彩的搭配、细节的处理等，这都需要经过长期科学的训练。

（3）说明性。即手绘表现应具有的图解功能。如表现物体质感时，要表现出不同材料的不同形态和特征，使观者能清晰地辨认出材料之间的差异。

三、手绘表现的工具

好的工具是画好一幅手绘表现图的前提，“巧妇难为无米之炊”，没有好的工具做保证，技术再高的设计师也只能望图兴叹。手绘表现的工具主要有以下几类。

1. 笔

包括钢笔、针管笔、彩色铅笔、马克笔等。

钢笔笔头坚硬，所绘线条刚直有力，是徒手表现的首选工具。

针管笔有 0.1、0.2、0.3、0.4、0.5、0.6、0.7 等不同型号，可根据不同的绘制要求选择粗细不同的笔来绘制，其绘制的线条流畅、平整、细腻，用其绘制的作品细致耐看，精巧秀丽。

彩色铅笔有水溶性和蜡性两种。其色彩丰富，笔触细腻，可表现较细密的质感和较精细的画面。

马克笔有油性、水性和酒精性之分。笔头宽大，笔触明显，色彩退晕效果自然，可表现大气、粗犷的设计构思草图。

2. 纸

可采用较厚实的铜版纸、高级白色绘图纸和复印纸等，要求纸质白晰、紧密，吸水性较好。

3. 其他工具

主要有直尺、曲线板、橡皮、铅笔、图板、丁字尺、三角尺、透明胶带等。

四、手绘表现的学习方法

手绘表现是一门实践性很强的课程，需要制定科学的训练计划和行之有效的学习方法。

1. 线条的训练

手绘表现主要通过钢笔或针管笔来勾画物体轮廓，塑造物体形象。因此，钢笔线条的练习成为手绘训练的重点。钢笔线条本身就具有无穷的表现力和韵味，它的粗细、快慢、软硬、虚实、刚柔和疏密等变化可以传递出丰富的质感和情感。

钢笔线条主要分为慢写线条和速写线条两类。

慢写线条注重表现线条自身的韵味和节奏，绘制时要求用力均匀，线条流畅、自然。通过训练慢写线条，不仅可以提高手对钢笔线条的控制力，使脑与手配合得更加完美，而且可以锻炼绘画者的耐心和毅力，为设计创作打下良好的心理基础。

速写线条注重表现线条的力度和速度，绘制时用笔较快，线条刚劲有力，挺拔帅气。通过训练速写线条，可以提高绘画者的概括能力和快速表现能力。

2. 临摹与创作

手绘表现是艺术表现的一个门类，艺术表现的训练需要继承前人优秀的表现手法和表现技巧，这样不仅可以在短时间内迅速提高练习者的表现能力，而且可以取长补短、博采众长，最终形成自己独特的表现风格。临摹优秀的手绘表现作品是学习手绘表现的捷径，对于初学者来说，是一种迅速见效的方法。

临摹分为摹写和临绘两个阶段，在摹写阶段，要求练习者使用透明的硫酸纸复制别人的作品，这样可以直观地获取对方的构图、线条和色彩，并培养练习者的绘图感觉。在临绘阶段，要求练习者将所临摹的图片（或作品）置于绘图纸的左上角，先用眼睛观察，再用手绘方式临绘下来，力求做到与原作品相似或相近。这种练习可以培养练习者的观察能力和手绘转化能力。

临摹只是学习手绘表现技巧的一种方法，切不可一味临摹而缺乏自己的风格，在临摹到一定程度时，就要运用临摹中学到的表现手法进行创作，最终将这些表现手法概括归纳，消化吸收，成为自己的表现手法，这样才能绘制出有自己独特个性和风格的作品。

1. 绘制慢写线条 100 根。
2. 绘制速写线条 50 根。
3. 临摹家具图片 50 幅。

第二节　手绘表现技巧的训练

手绘图如图 4-1 ～图 4-37 所示。

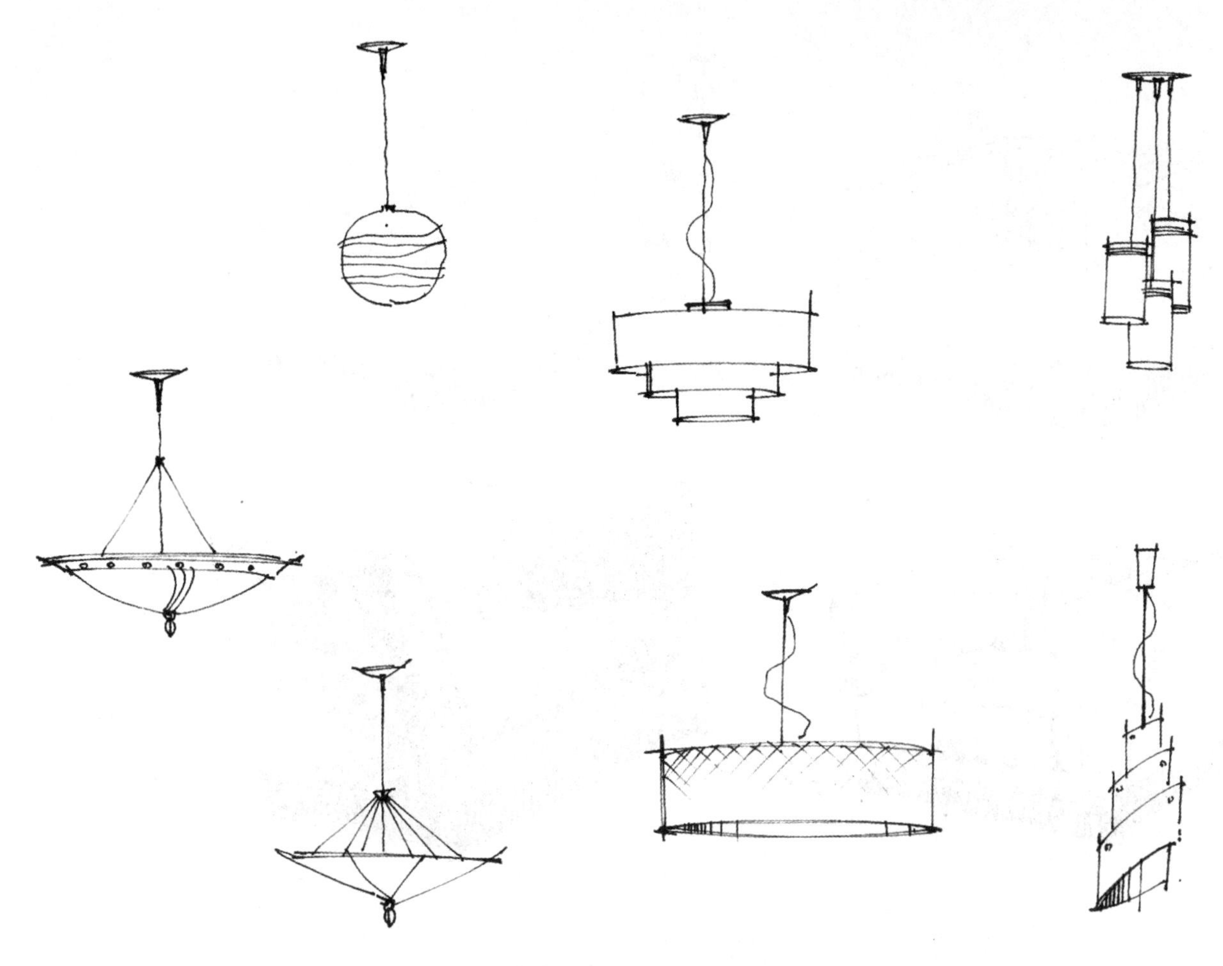

图 4-1　灯具速写　文健　作

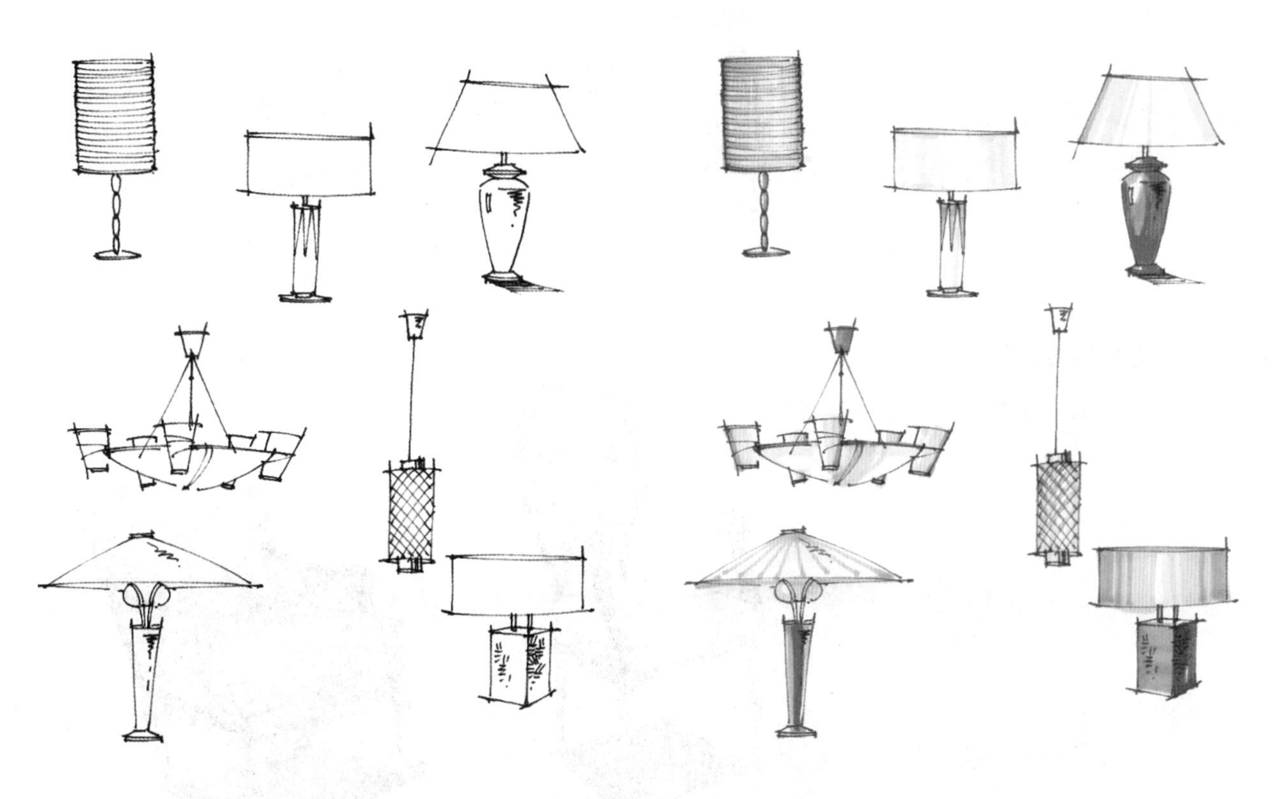

图 4-2　灯具速写与着色　文健　作

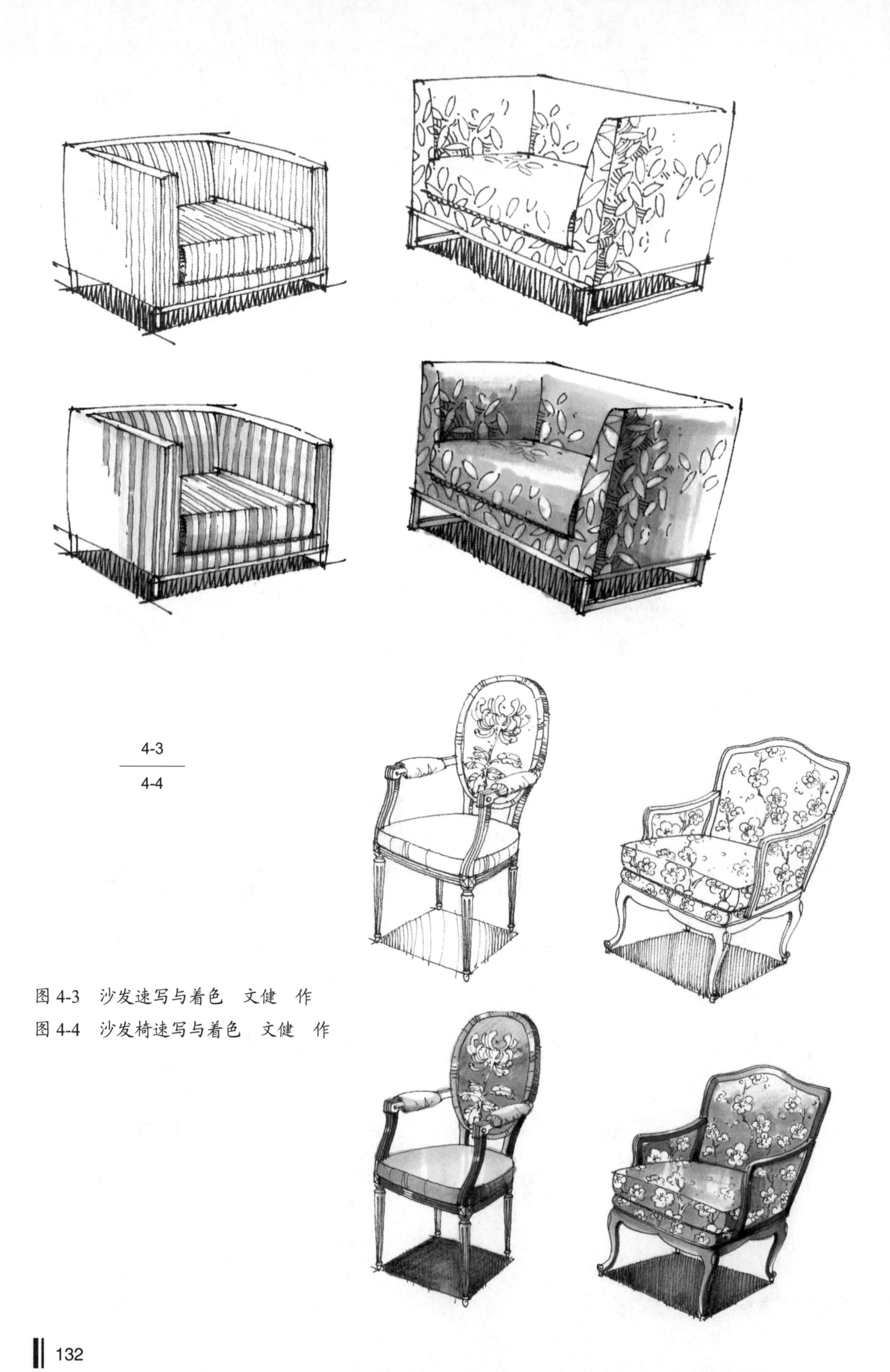

4-3
4-4

图 4-3　沙发速写与着色　文健　作

图 4-4　沙发椅速写与着色　文健　作

图 4-5　组合沙发速写与着色　文健　作

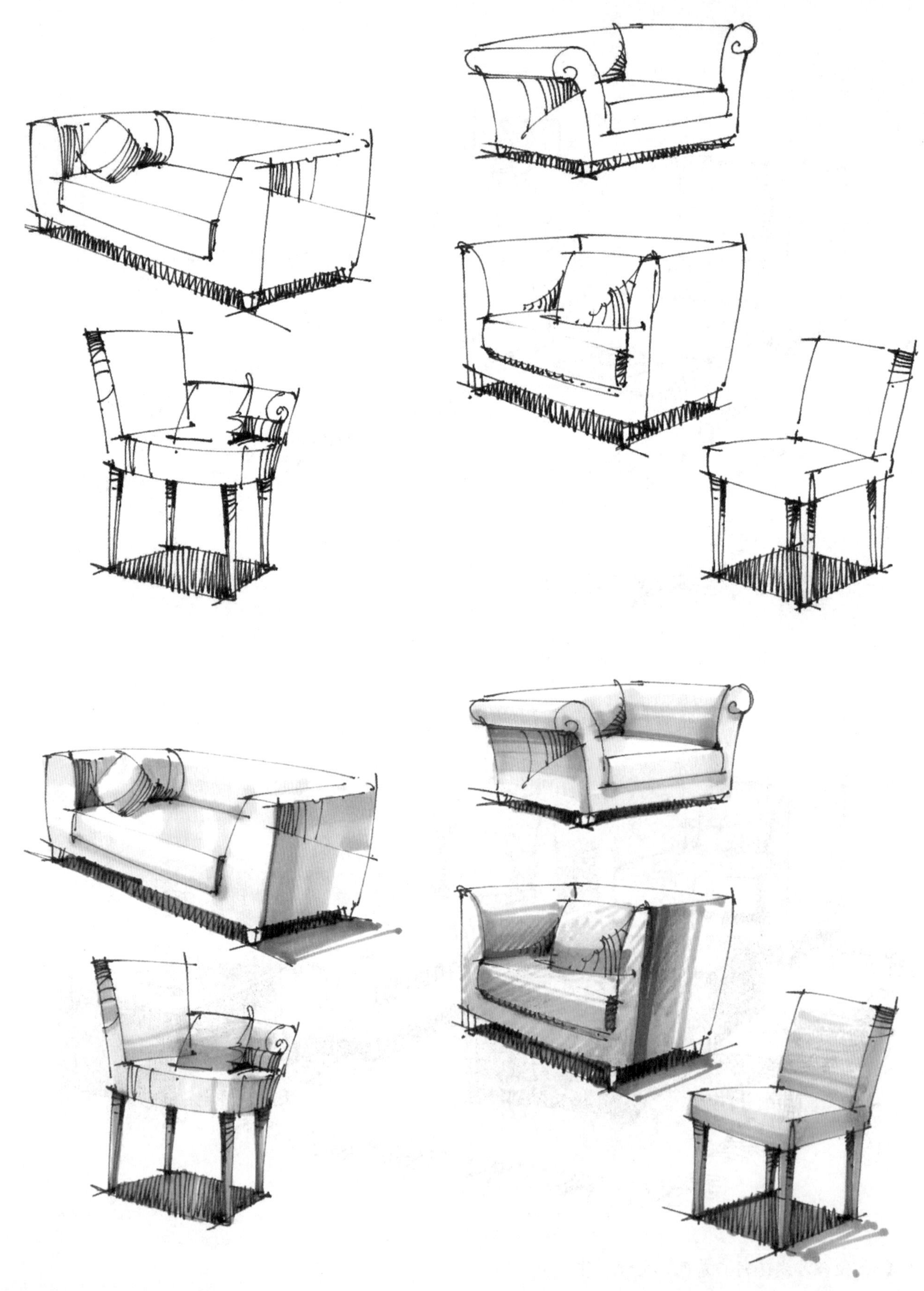

图 4-6　家具速写与着色（1）　文健　作

图 4-7　家具速写与着色（2）　文健　作

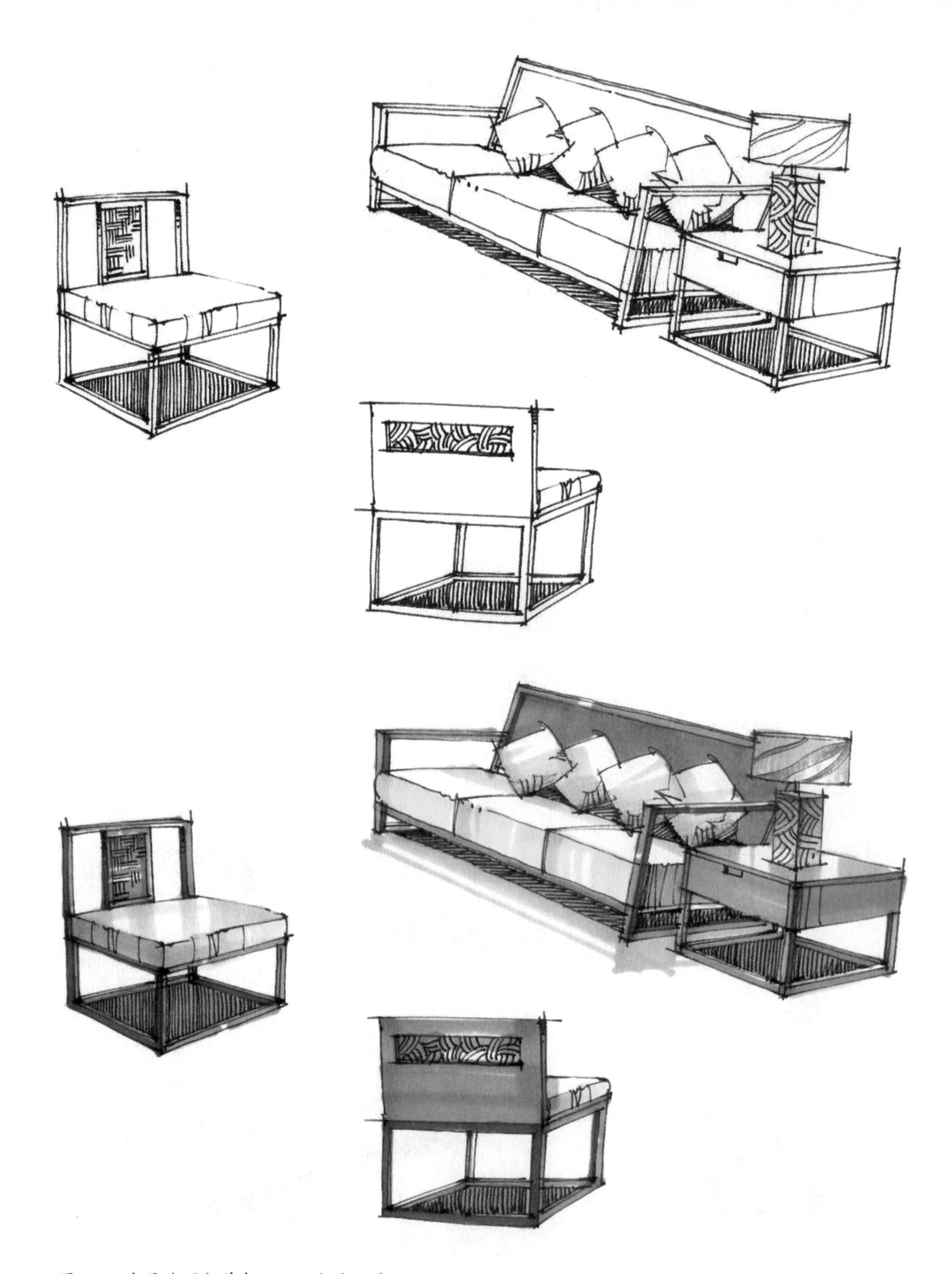

图 4-8　家具速写与着色（3）　文健　作

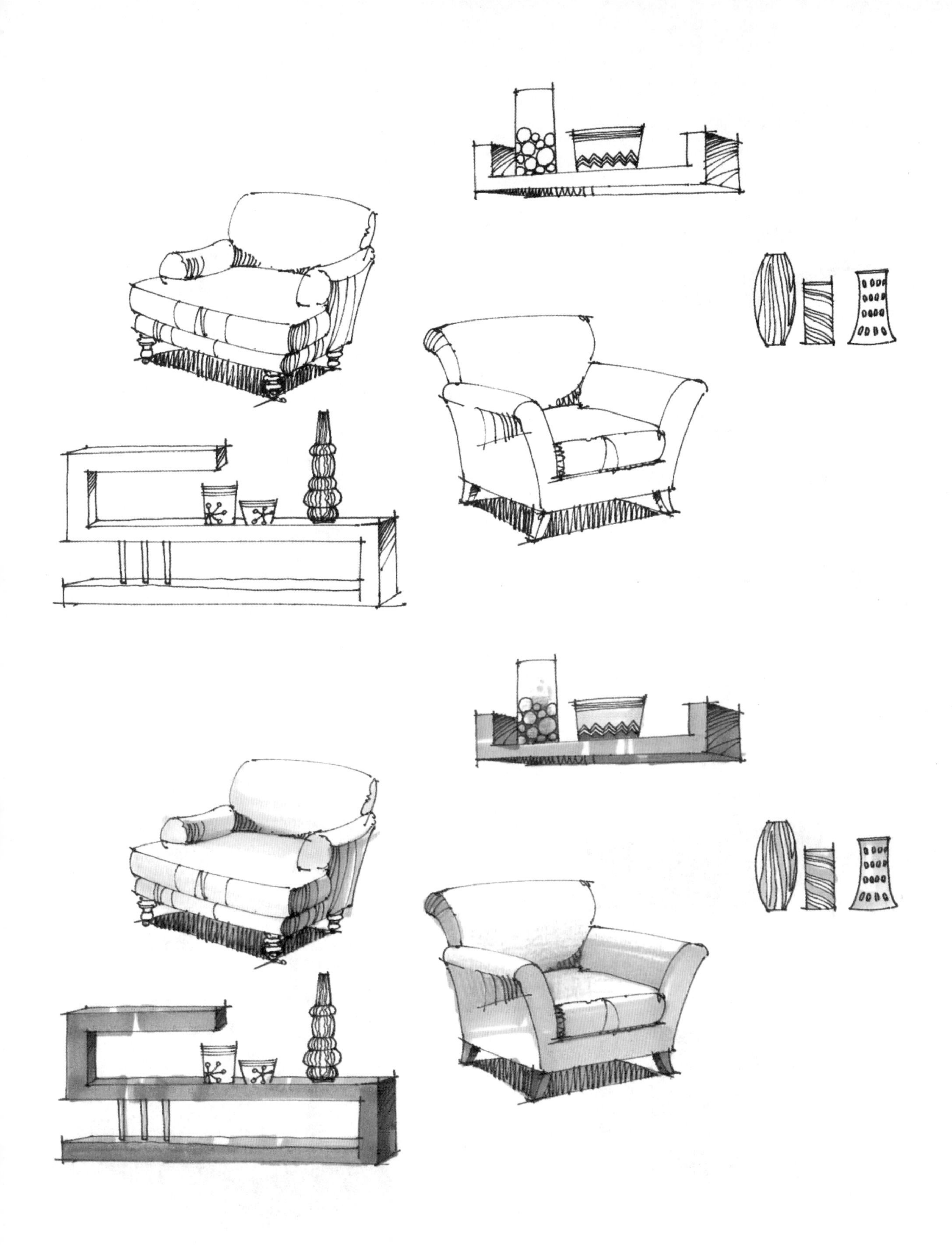

图 4-9　家具速写与着色（4）　文健　作

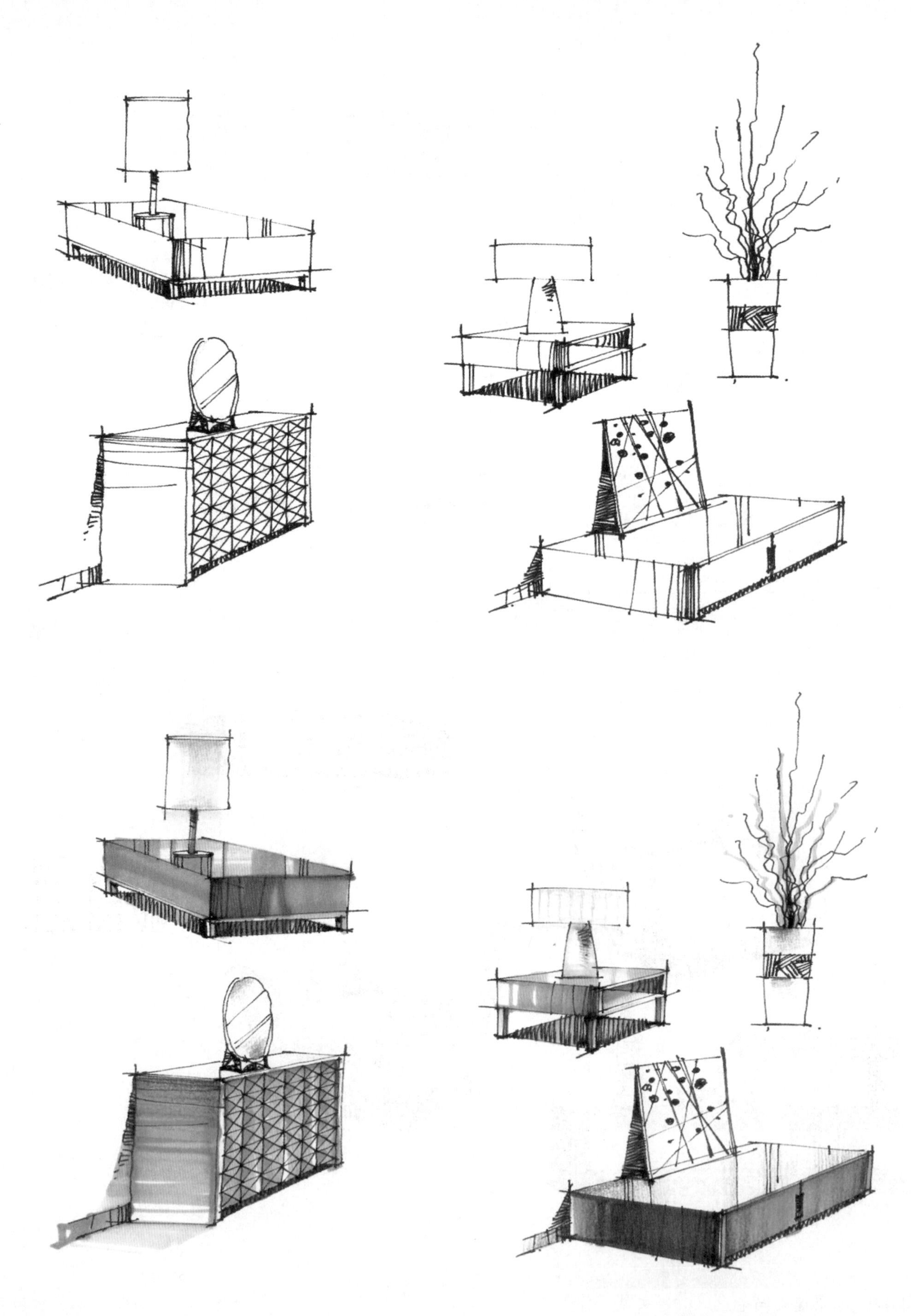

图 4-10　家具速写与着色（5）　文健　作

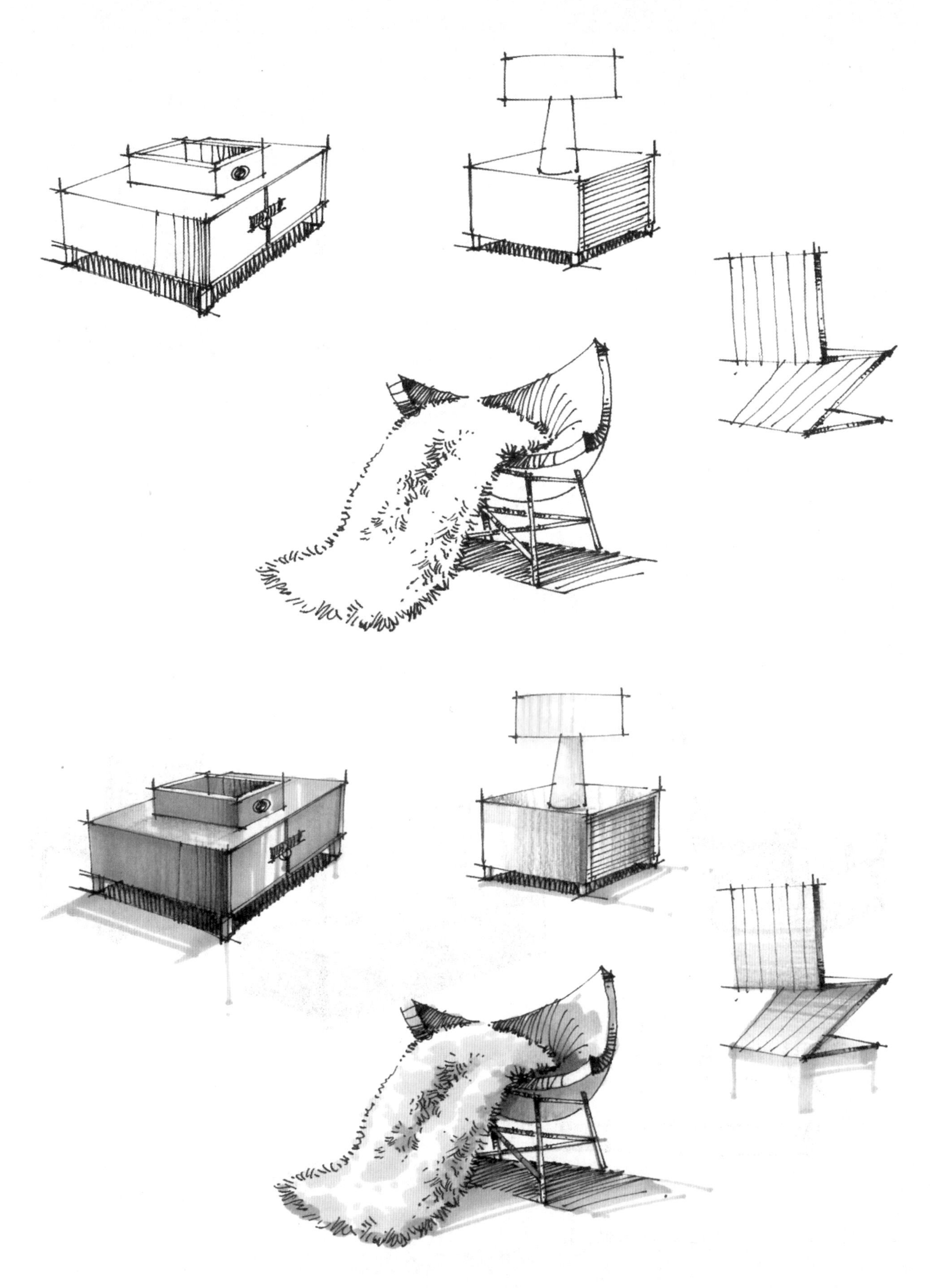

图 4-11　家具速写与着色（6）　文健　作

图 4-12　家具速写与着色（7）　文健　作

图 4-13　餐桌椅速写与着色　文健　作

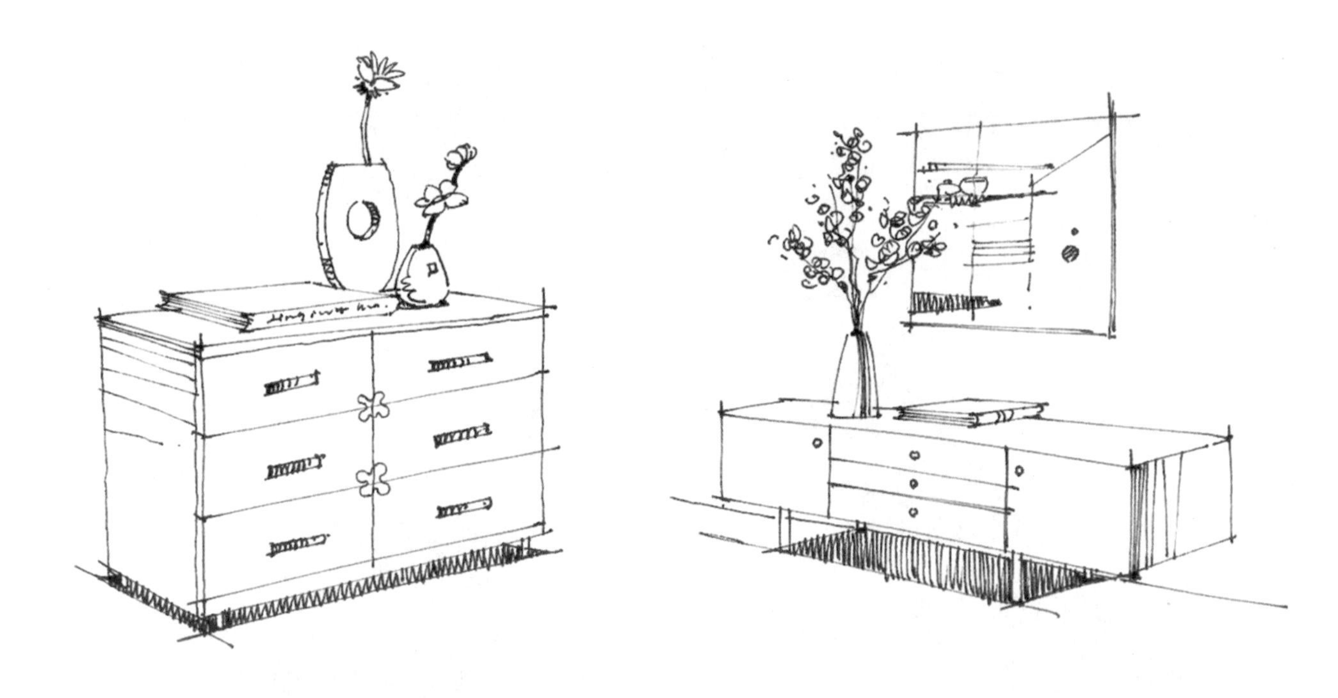

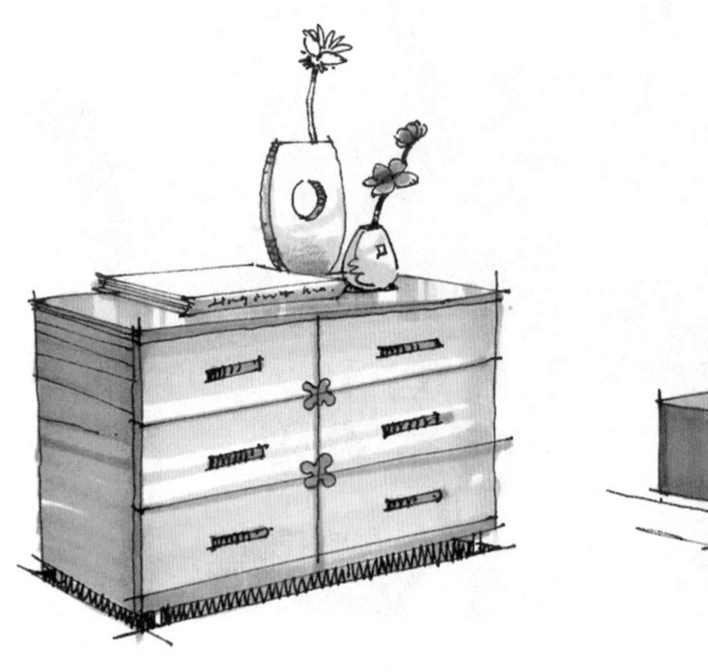

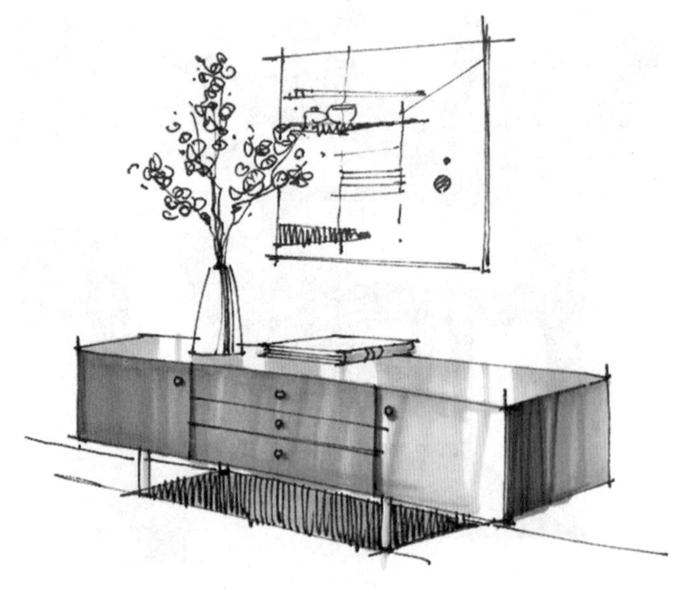

图 4-14　柜子速写与着色　文健　作

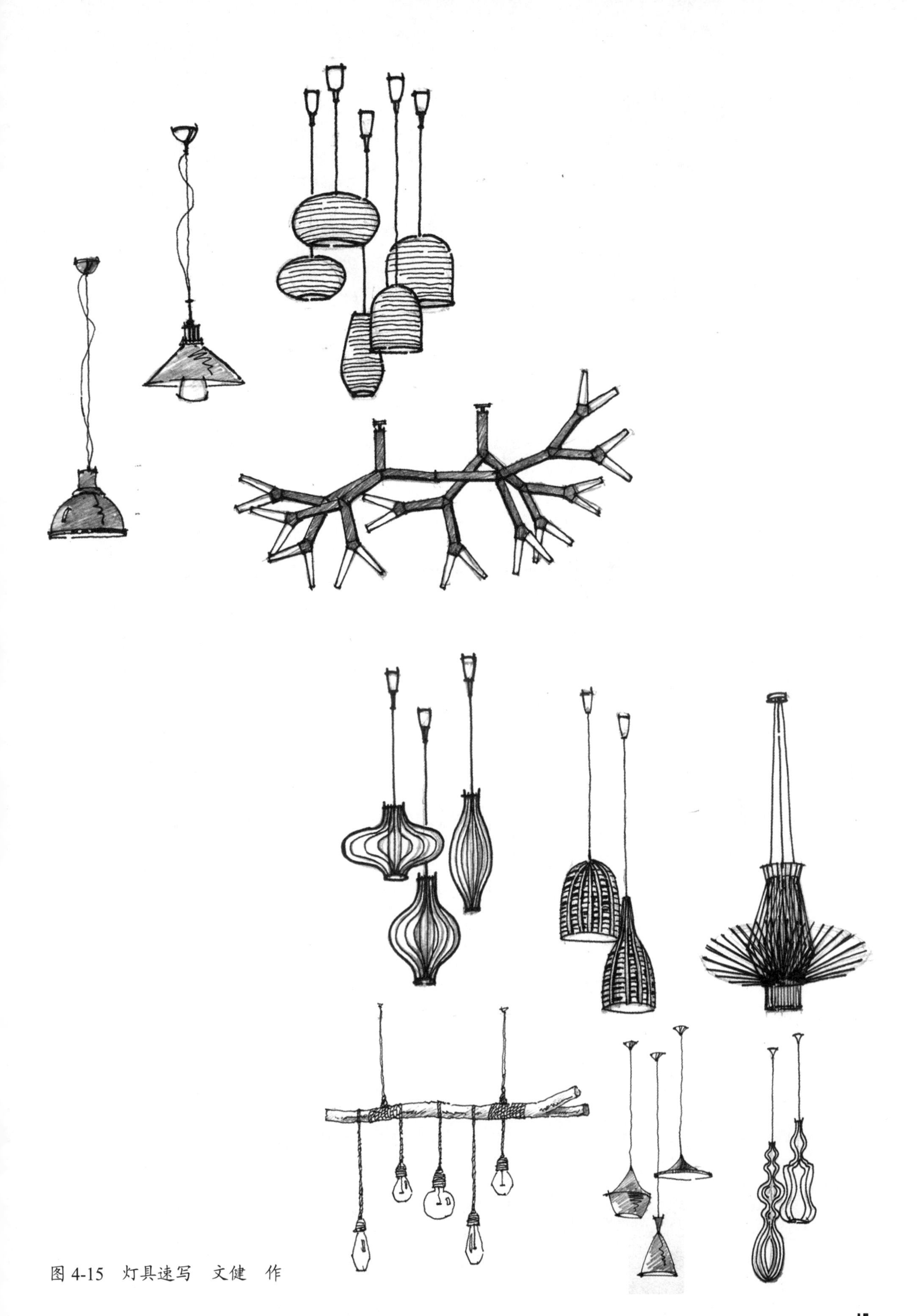

图 4-15　灯具速写　文健　作

图 4-16　家具速写　文健　作

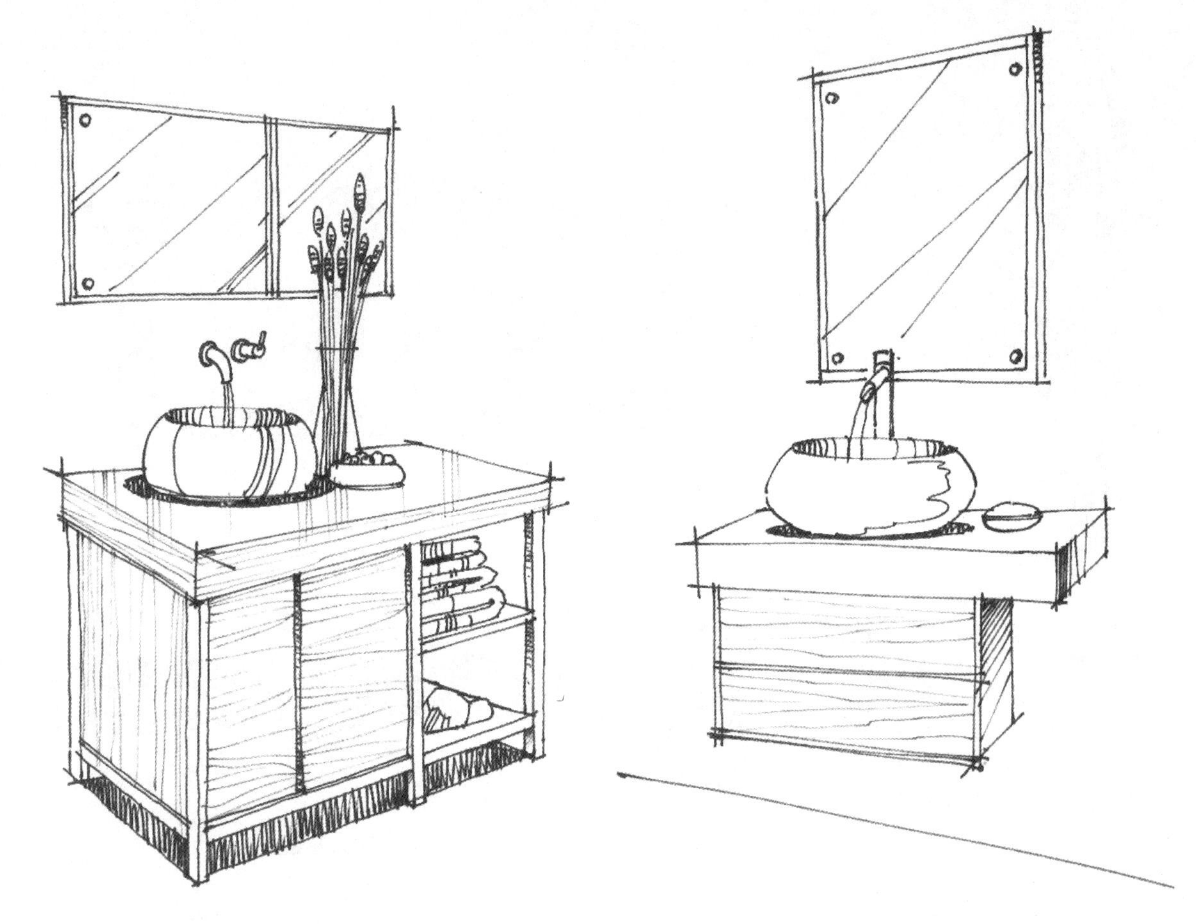

图 4-17　洗手台速写　文健　作

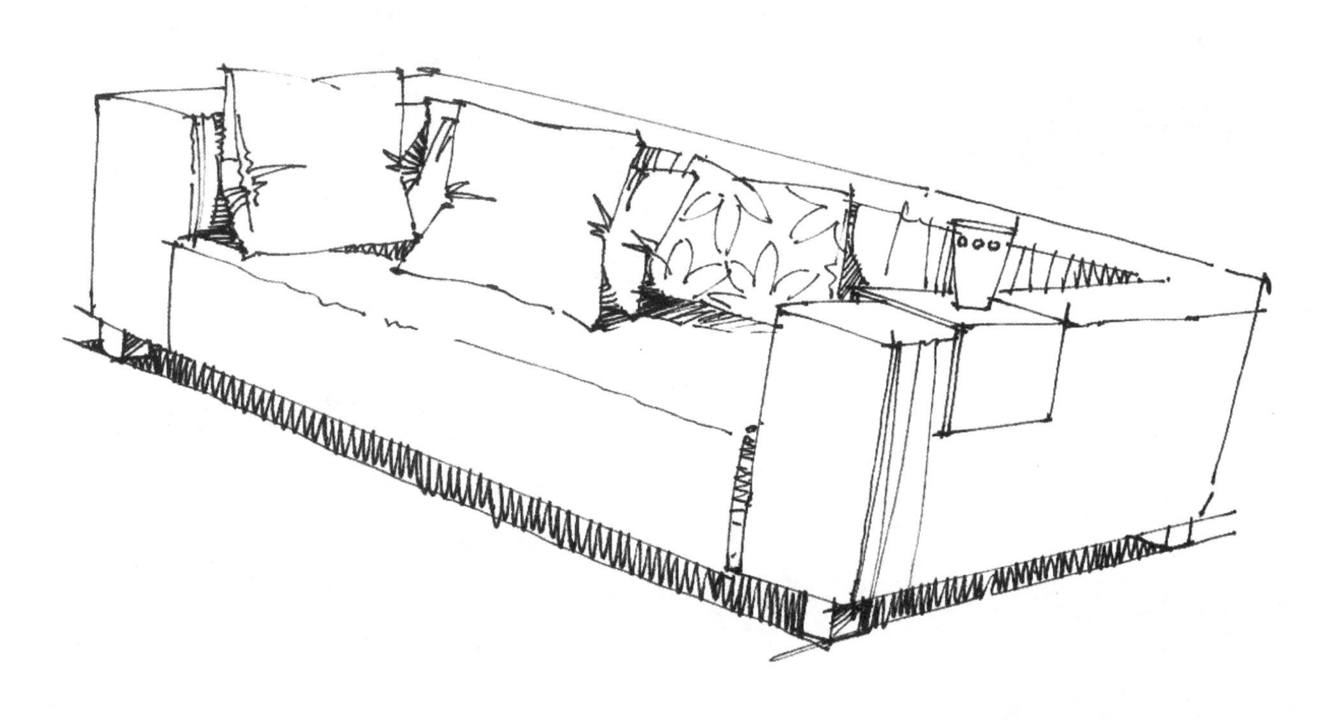

图 4-18　沙发速写　文健　作

图 4-19　室内陈设速写　文健　作

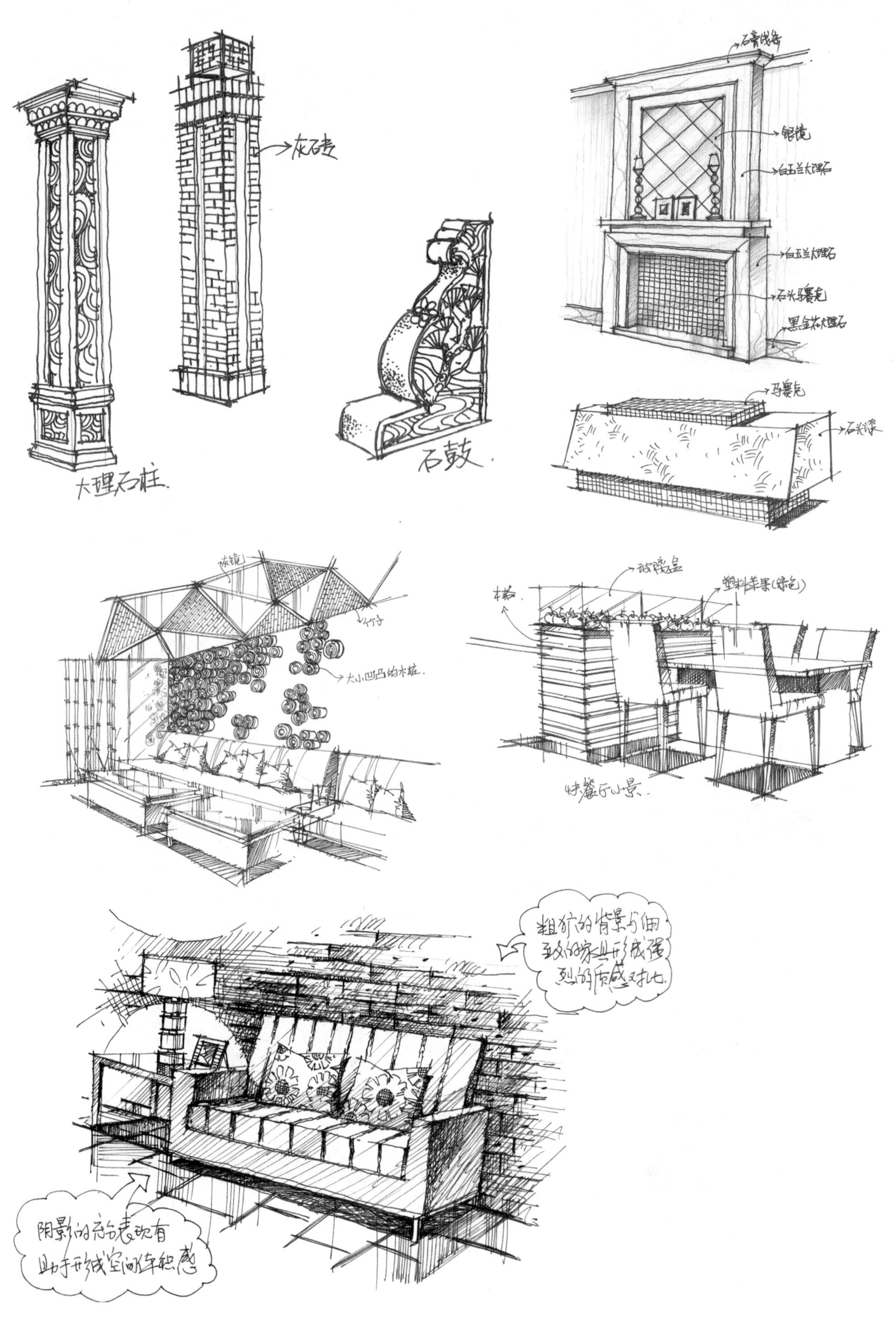

图 4-20　家具与陈设组合速写（1）　文健　作

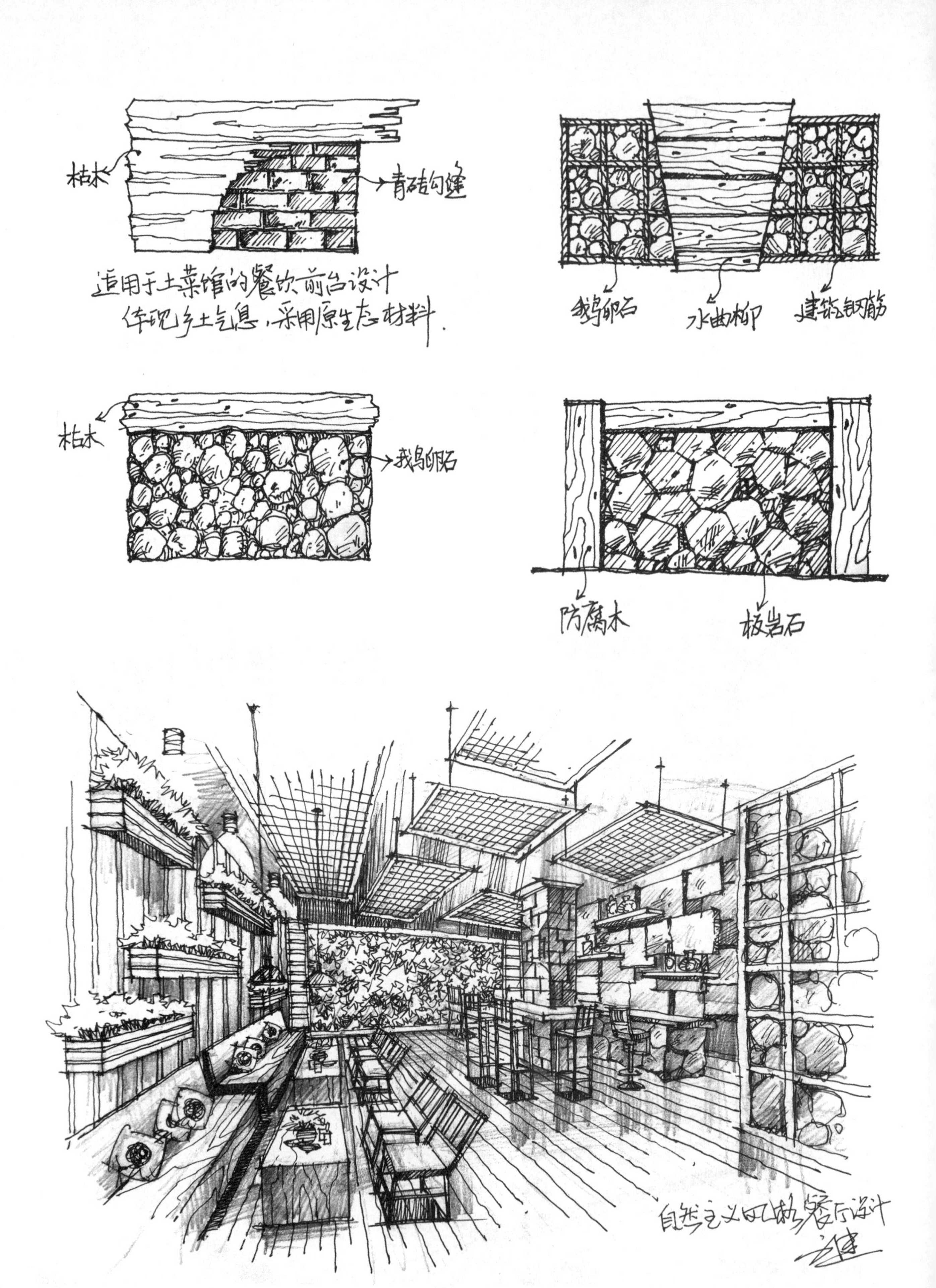

图 4-21　家具与陈设组合速写（2）　文健　作

图 4-22　家具与陈设组合速写（3）　连柏慧　作

图 4-23　家具与陈设组合速写（4）　文健

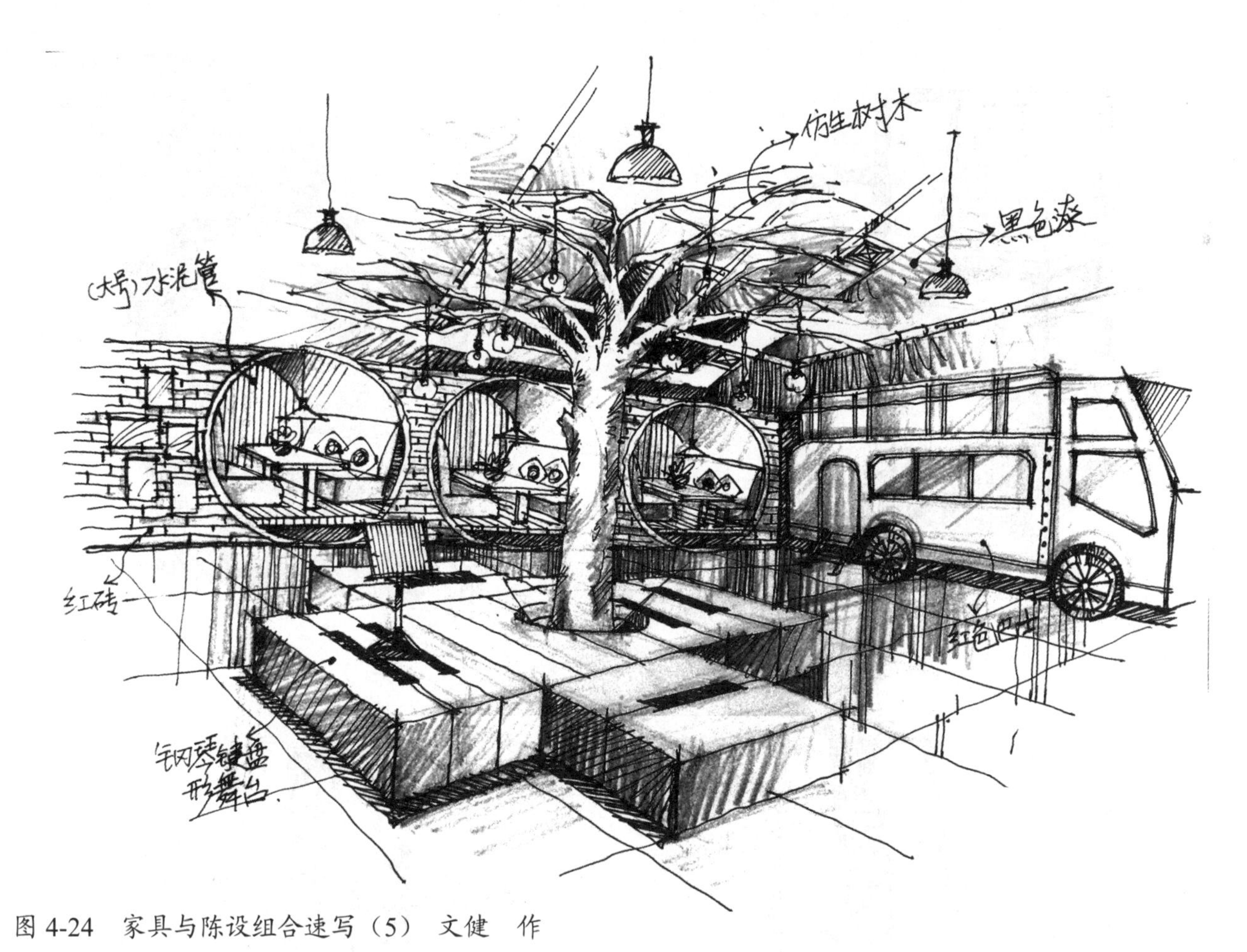

图 4-24　家具与陈设组合速写（5）　文健　作

图 4-25　家具与陈设组合速写（6）　连柏慧　作

图 4-26　中式家具着色　杨健　作

图 4-27　家具与陈设组合着色（1）　杨健　作

图 4-28　家具与陈设组合着色（2）　杨健　作

图 4-29　家具与陈设组合着色（3）　杨健　作

图 4-30　家具与陈设组合着色（4）　杨健　作

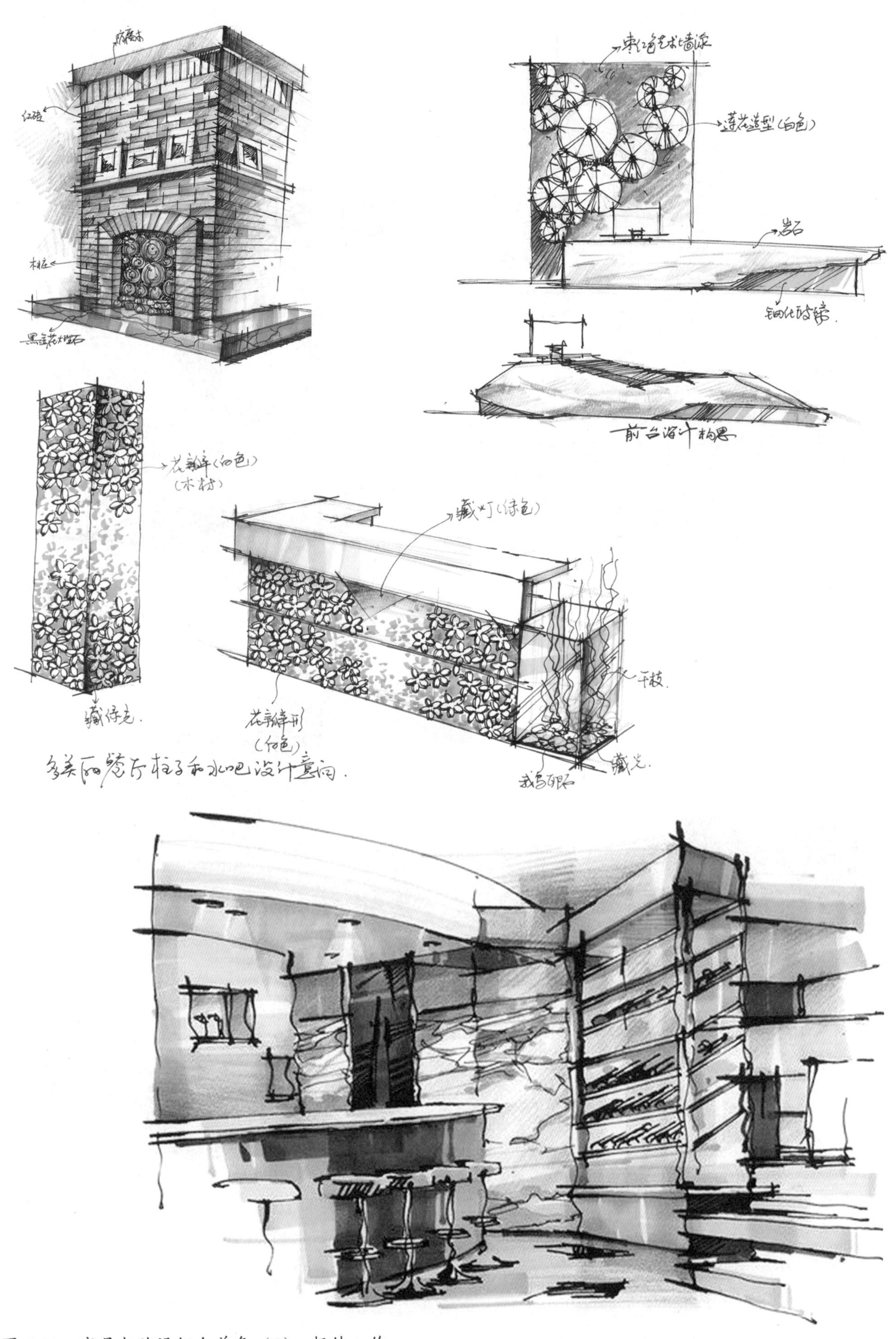

图 4-31　家具与陈设组合着色（5）　杨健　作

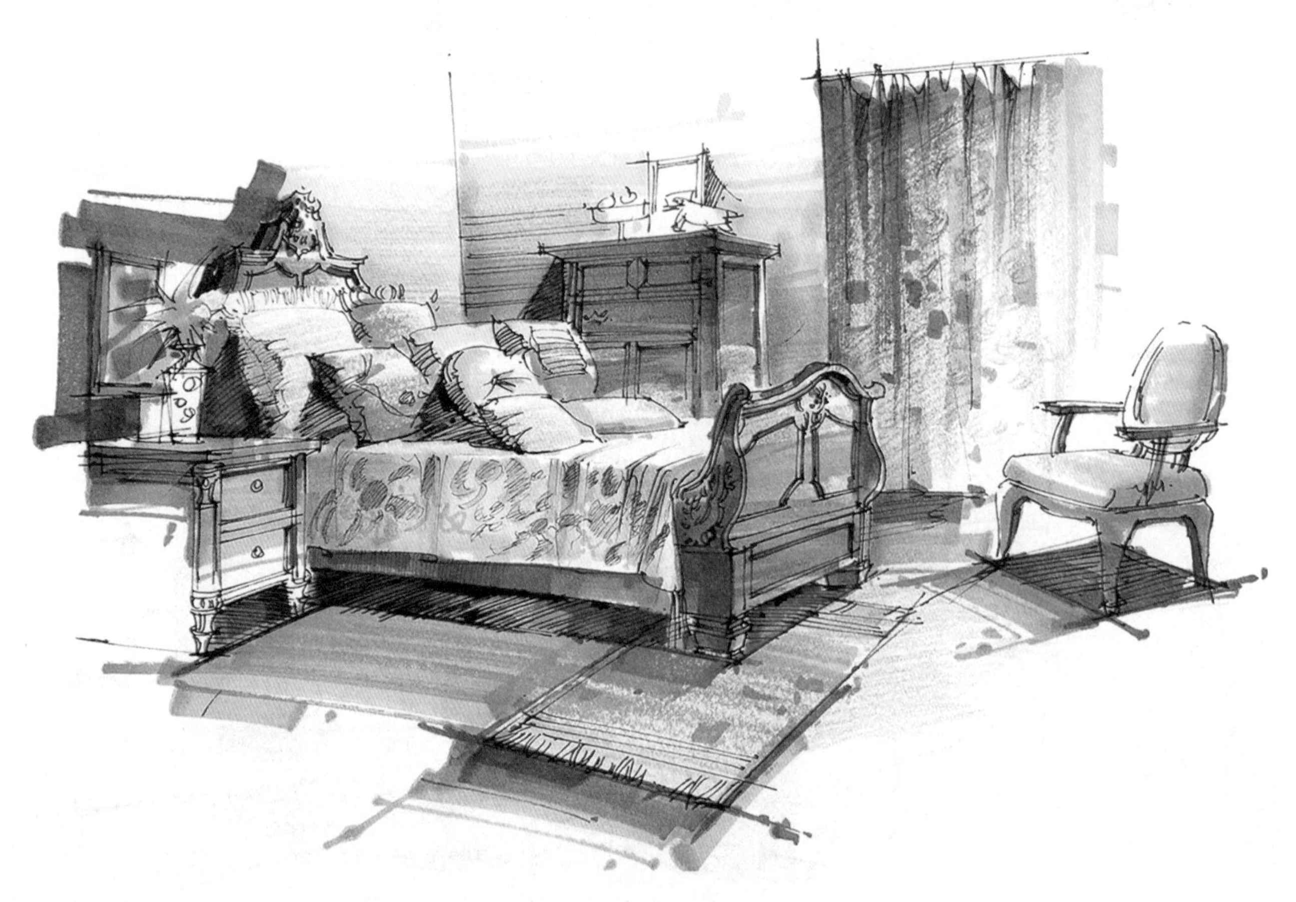

图 4-32　家具与陈设组合着色（6）　杨健　作

图 4-33　家具与陈设组合着色（7）　杨健　作

图 4-34　家具与陈设组合着色（8）　赵国斌　作

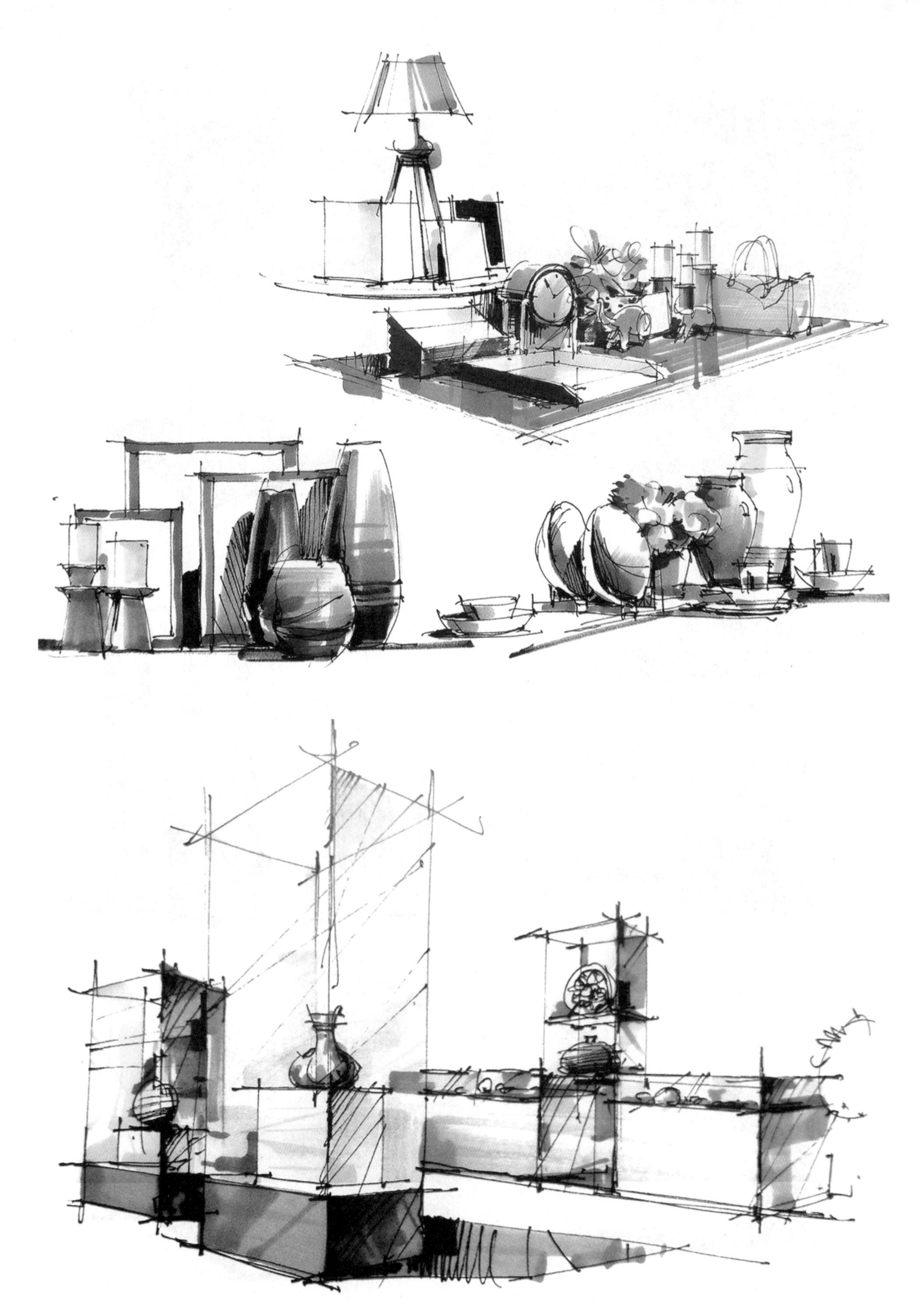

图 4-35　家具与陈设组合着色（9）　赵国斌　作

图 4-36　家具与陈设组合着色（10） 徐方金　作

图 4-37　家具与陈设组合着色（11）　伍华君　作

1. 绘制 50 个单体家具速写。
2. 绘制 50 个单体家具着色。

参考文献

[1] 贡布里希．艺术发展史．范景中，译．天津：天津人民美术出版社，2006.
[2] 王受之．世界现代建筑史．北京：中国建筑工业出版社，1999.
[3] 王受之．世界现代设计史．广州：广东新世纪出版社，1995.
[4] 齐伟民．室内设计发展史．合肥：安徽科学技术出版社，2004.
[5] 陈易．室内设计原理．北京：中国建筑工业出版社，2006.
[6] 邱晓葵．室内设计．北京：高等教育出版社，2002.
[7] 张绮曼，郑曙旸．室内设计资料集．北京：中国建筑工业出版社，1991.
[8] 李朝阳．室内空间设计．北京：中国建筑工业出版社，1999.
[9] 来增祥，陆震伟．室内设计原理．北京：中国建筑工业出版社，1996.
[10] 霍维国，霍光．室内设计原理．海口：海南出版社，1996.
[11] 李泽厚．美的历程．天津：天津社会科学院出版社，2001.
[12] 史春珊，孙清军．建筑造型与装饰艺术．沈阳：辽宁科学技术出版社，1988.
[13] 童慧明．100 年 100 位家具设计师．广州：岭南美术出版社，2006.
[14] 汤重熹．室内设计．北京：高等教育出版社，2003.
[15] 朱钟炎，王耀仁，王邦雄，等．室内环境设计原理．上海：同济大学出版社，2004.
[16] 巴赞．艺术史．刘明毅，译．上海：上海人民美术出版社，1989.
[17] 许亮，董万里．室内环境设计．重庆：重庆大学出版社，2003.
[18] 尹定邦．设计学概论．长沙：湖南科学技术出版社，2004.
[19] 席跃良．设计概论．北京：中国轻工业出版社，2006.